新確率統計 問題集

改訂版 | 大日本図書

Probability AND Statistics

JN055727

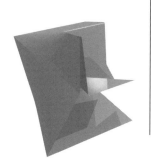

まえがき

　数学の内容をより深く理解し，学力をつけるためには，いろいろな問題を自分の力で解いてみることが大切なことは言うまでもない．本書は「新確率統計　改訂版」に準拠してつくられた問題集で，教科書の内容を確実に身につけることを目的として編集された．各章の構成と学習上の留意点は以下の通りである．

(1) 各節のはじめに**まとめ**を設け，教科書で学習した内容の要点をまとめた．知識の整理や問題を解くときの参照に用いてほしい．

(2) **Basic**（基本問題）は，教科書の問に対応していて，基礎知識を定着させる問題である．右欄に教科書の問のページと番号を示している．**Basic** の内容については，すべてが確実に解けるようにしてほしい．

(3) **Check**（確認問題）は，ほぼ **Basic** に対応していて，その内容が定着したかどうかを確認するための問題である．1 ページにまとめているので，確認テストとして用いてもよい．また，**Check** の解答には，関連する **Basic** の問題番号を示しているので，**Check** から始めて，できなかった所を **Basic** に戻って反復することもできるようになっている．

(4) **Step up**（標準問題）は基礎知識を応用させて解く問題である．「例題」として考え方や解き方を示し，直後に例題に関連する問題を取り入れた．**Basic** の内容を一通り身につけた上で，**Step up** の問題を解くことをすれば，数学の学力を一層伸ばし，応用力をつけることが期待できる．

(5) 章末には，**Plus**（発展的内容と問題）を設け，教科書では扱っていないが，学習しておくと役に立つと思われる発展的な内容を取り上げ，学生自らが発展的に考えることができるようにした．教科書の補章に関連する問題もここで取り上げた．

(6) **Step up** と **Plus** では，大学編入試験問題も取り上げた．

(7) **Basic** と **Check** の解答は，基本的に解答のみである．ただし，**Step up** と **Plus** については，自学自習の便宜を図って，必要に応じて，問題の右欄にヒントを示すか，解答にできるだけ丁寧に解法の指針を示した．

　数学の学習においては，あいまいな箇所をそのまま残して先に進むことをせずに，じっくりと考えて，理解してから先に進むといった姿勢が何より大切である．

　授業のときや予習復習にあたって，この問題集を十分活用して工学系や自然科学系を学ぶために必要な数学の基礎学力と応用力をつけていただくことを期待してやまない．

令和 4 年 10 月

編者

目次

1章 確率

1 確率の定義と性質

まとめ

● **確率の定義**　試行 T について，根元事象が全部で N 通りあるとする.

$$事象\ A\ の根元事象が\ n(A)\ 通り\quad\Longrightarrow\quad P(A)=\frac{n(A)}{N}$$

● **いろいろな事象**

全事象 Ω　　　　根元事象全体の集合に対応する事象

積事象 $A\cap B$　　事象 A，B がともに起こる事象

和事象 $A\cup B$　　事象 A，B のうち少なくとも 1 つが起こる事象

余事象 $\overline{A}$　　　　事象 A が起こらない事象

空事象 ϕ　　　　空集合に対応する事象（決して起こらないこと）

事象 A，B は互いに排反　$\Longleftrightarrow$　$A\cap B=\phi$

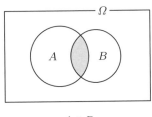 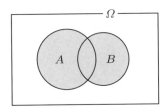 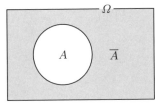

$A\cap B$　　　　　　　　　　$A\cup B$　　　　　　　　　　$\overline{A}$

● **確率の基本性質**

○ $0\leqq P(A)\leqq 1$

○ $P(\Omega)=1,\ P(\phi)=0$

○ $P(A\cup B)=P(A)+P(B)-P(A\cap B)$

　　特に，事象 A，B が互いに排反　$\Longrightarrow$　$P(A\cup B)=P(A)+P(B)$

○ $P(\overline{A})=1-P(A)$

● **期待値 (平均)**

　試行の結果によって得られる値 x が x_1, x_2, $\cdots$, x_n のいずれかをとり，これらの値をとる事象の確率がそれぞれ p_1, p_2, $\cdots$, p_n のとき，x の期待値（平均）E は

$$E=x_1p_1+x_2p_2+\cdots+x_np_n\quad(p_1+p_2+\cdots+p_n=1)$$

Basic

1 トランプ 52 枚をよく切って 1 枚を抜くとき，カードの数字が 2 である事象を   → 教 p.3 問·1
A，カードの数字が 8 以下である事象を B，ハートの絵札である事象を C とする．ただし，カードの A, J, Q, K はそれぞれ 1, 11, 12, 13 とする．このとき，$P(A)$, $P(B)$, $P(C)$ を求めよ．

2 4 枚の硬貨を投げるとき，次の確率を求めよ．   → 教 p.4 問·2

(1) 4 枚とも表である確率   (2) 1 枚だけ表である確率

3 A と B の 2 人がジャンケンを 1 回するとき，A が負ける確率を求めよ．   → 教 p.4 問·3

4 2 個のさいころを同時に投げるとき，次の確率を求めよ．   → 教 p.4 問·4

(1) 出る目の差が 4 となる確率   (2) 出る目の和が 10 となる確率

5 白玉 5 個，黒玉 3 個が入っている袋から，同時に 4 個の玉を取り出すとき，次   → 教 p.4 問·5
の確率を求めよ．

(1) すべて白玉である確率

(2) 白玉が 1 個だけ含まれる確率

(3) 白玉が 2 個だけ含まれる確率

6 1, 2, 3, 4, 5, 6, 7, 8 の数字が書かれているカードが 1 枚ずつ入っている袋   → 教 p.4 問·6
がある．この袋から 1 枚ずつ順に 3 枚のカードを取り出し，左から並べて 3 けたの整数を作るとき，次の確率を求めよ．

(1) 800 以上の奇数ができる確率   (2) 200 以下の奇数ができる確率

7 4 個のさいころを同時に投げるとき，同じ目がちょうど 3 個出る確率を求めよ．   → 教 p.4 問·7

8 ゆがみのあるコインを 10000 回投げたところ，表が 4623 回出た．このコイン   → 教 p.5 問·8
の表が出る確率は，およそどの程度といえるか．

9 大小 2 個のさいころを投げるとき，大きいさいころの出る目が奇数である事象   → 教 p.7 問·9
を A，出る目の和が偶数になる事象を B とする．このとき，次の問いに答えよ．

(1) $A \cap B$, $\overline{B}$, $\overline{A} \cap B$, $A \cup \overline{B}$ はそれぞれどのような事象か．

(2) $A \cup B$ と C が互いに排反になるような事象 C の例を作れ．

10 トランプ 52 枚をよく切って 2 枚を抜くとき，2 枚とも奇数である事象を A，カー   → 教 p.8 問·10
ドの数の和が 9 となる事象を B とする．このとき，次の確率を求めよ．

(1) $P(A)$ (2) $P(B)$ (3) $P(A \cup B)$

11 トランプ 52 枚をよく切って 2 枚を抜くとき，次の確率を求めよ. → 教 p.8 問·11

  (1) 2 枚とも絵札である確率

  (2) 少なくとも 1 枚は絵札でない確率

12 箱の中に 1 から 10 までの異なる数字が書いてあるカードが 10 枚入っている. → 教 p.9 問·12
  この箱から 1 枚のカードを取り出すとき，数字が奇数である事象を A，素数である事象を B とする. このとき，次の確率を求めよ.

  (1) $P(A \cup B)$ 　　　　 (2) $P(\overline{A} \cup B)$ 　　　　 (3) $P(A \cup \overline{B})$

13 次の期待値を求めよ. → 教 p.10 問·13

  (1) 3 枚の硬貨を投げるとき，表の出る枚数の期待値

  (2) 2 個のさいころを同時に投げるとき，出る目の差の期待値

14 12 本のくじの中に賞金 500 円の当たりくじが 1 本，賞金 200 円の当たりくじ → 教 p.11 問·14
  が 2 本あり，その他は賞金がつかないはずれくじである. このくじから 1 本引
  くときの賞金額の期待値を求めよ.

15 1 から 10 までの異なる数字が書いてある 10 枚のカードから 2 枚のカードを取 → 教 p.11 問·15
  り出し，大きい数字から小さい数字を引いた数を x とする. このとき，次の問
  いに答えよ.

  (1) $x = 2$ となる確率を求めよ.

  (2) $x = 6$ となる確率を求めよ.

  (3) x の期待値を求めよ.

Check

16 袋の中に 1 から 9 までの異なる数字が書いてある玉が 9 個入っている．この袋から 1 個の玉を取り出すとき，次の確率を求めよ．

(1) 玉に書かれている数字が偶数である確率

(2) 玉に書かれている数字が 3 の倍数である確率

17 2 個のさいころを同時に投げるとき，次の確率を求めよ．

(1) 出る目の積が 12 となる確率

(2) 出る目の和が 10 以上となる確率

18 20 本のくじの中に当たりくじが 5 本ある．このくじを同時に 3 本引くとき，次の確率を求めよ．

(1) 3 本とも当たる確率　　　　　　(2) 2 本が当たり，1 本がはずれる確率

19 1 から 9 までの数字が書かれているカードが 1 枚ずつ入っている箱がある．この箱から順に 3 枚のカードを取り出し，左から並べて 3 けたの整数を作るとき，偶数ができる確率を求めよ．

20 男子 8 人，女子 6 人から，くじ引きによって 2 人の委員を選ぶとき，同性が選ばれる確率を求めよ．

21 袋の中に赤玉 7 個，白玉 5 個が入っている．この袋の中から同時に 4 個の玉を取り出すとき，次の確率を求めよ．

(1) 赤玉が 1 個以下である確率

(2) 少なくとも 1 個は赤玉である確率

22 1 から 100 までの異なる数字が書いてあるカードが 100 枚ある．この中から 1 枚のカードを引くとき，カードの数字が 2 の倍数である事象を A，3 の倍数である事象を B とする．このとき，次の確率を求めよ．

(1) $P(A \cap B)$　　　　　(2) $P(A \cup B)$　　　　　(3) $P(A \cup \overline{B})$

23 赤玉 3 個，白玉 7 個が入っている袋から，同時に 3 個の玉を取り出し，赤玉 1 個につき 100 円の賞金が得られるゲームを行う．このゲームにおいて，賞金額の期待値を求めよ．

24 2 個のさいころを同時に投げて，出る目の和を 4 で割ったときの余りを x とする．このとき，次の問いに答えよ．

(1) $x = 0$ となる確率を求めよ．　　　　(2) x の期待値を求めよ．

Step up

例題 2つの事象 A, B について，$P(A) = \dfrac{2}{3}$，$P(B) = \dfrac{1}{2}$ のとき，A, B は互いに排反ではないことを証明せよ．

解 A, B が互いに排反であるとすると

$$P(A \cup B) = P(A) + P(B) = \frac{2}{3} + \frac{1}{2} = \frac{7}{6} > 1$$

となり，矛盾する．したがって，A, B は互いに排反ではない．   //

25 2つの事象 A, B について，$P(A)P(B) > \dfrac{1}{4}$ のとき，A, B は互いに排反ではないことを証明せよ．

相加平均と相乗平均の関係を用いて
$P(A) + P(B) > 1$
を示せ．

例題 針が上向きになる確率が $\dfrac{3}{5}$ である画びょうを2回投げるとき，少なくとも1回は針が上向きになる事象を A，2回目は針が下向きになる事象を B とする．このとき，次の確率を求めよ．

(1) $P(A \cup B)$ (2) $P(A \cap B)$

解 (1) A が起こらないとき，2回とも下向きとなるから $\overline{A}$ は B に含まれる．したがって，$A \cup B$ は全事象となることより $P(A \cup B) = 1$

(2) B が起こるとき，2回目が下向きとなるから，A が起こるのは1回目が上向きの場合である．したがって $P(A \cap B) = \dfrac{3}{5} \cdot \dfrac{2}{5} = \dfrac{6}{25}$ //

26 表が出る確率が p $(0 < p < 1)$ である硬貨を3回投げる試行において，少なくとも1回は表が出る事象を A，3回目が裏である事象を B とする．このとき，次の確率を求めよ．

(1) $P(A \cup B)$ (2) $P(A \cap B)$

例題 20本のくじの中に当たりくじが1本ある．このくじを1本引くことを n 回繰り返すとき，少なくとも1回以上当たる確率を p_n とする．このとき，次の問いに答えよ．ただし，引いたくじはもとに戻すとする．

(1) p_n を求めよ．   (2) p_{20} はおよそいくらか．

解 (1) このくじを n 回引くとき，すべてはずれる確率は $\left(\dfrac{19}{20}\right)^n$ だから，少なくとも1回以上当たる確率は $p_n = 1 - \left(\dfrac{19}{20}\right)^n$

(2) $p_{20} = 1 - \left(\dfrac{19}{20}\right)^{20} = 0.6415$ //

27 n 人がいるとき，少なくとも 2 人の誕生日が同じ月日である確率を p_n とする．
このとき，次の値を求めよ．ただし，1 年は 365 日として計算せよ．

(1) p_n を求めよ．

(2) p_5 はおよそいくらか． (山梨大 改)

28 n 人がじゃんけんをする．各人ともそれぞれ独立に，グー，チョキ，パーを等
しい確率で出すものとするとき，あいこ（勝敗がつかない場合）になる確率 p_n
を求めよ． (長岡技科大 改)

あいこになるのは全員が同
じ手を出したとき，あるい
は 3 つの手がすべて出たと
きである．

> **例題** 大小 2 個のさいころを投げるとき，大きいさいころの目を十の位，小さいさ
> いころの目を一の位とし，2 けたの数字を作る．このとき，次の問いに答えよ．
>
> (1) 2 けたの数字が奇数となる確率を求めよ．
>
> (2) 2 けたの数字の期待値を求めよ．
>
> **解** (1) 2 けたの数字は 36 通り，そのうち奇数は 18 通りだから　$\dfrac{18}{36} = \dfrac{1}{2}$
>
> (2) どの数字についても，それが作られる確率は $\dfrac{1}{36}$ の確率だから
> $$\{(11 + 12 + \cdots + 16) + (21 + 22 + \cdots + 26)$$
> $$+ \cdots + (61 + 62 + \cdots + 66)\} \times \frac{1}{36} = \frac{77}{2} \qquad //$$

29 1 から 9 までの数字が書かれた 9 枚のカードから 2 枚のカードを取り出して並
べ，2 けたの数字を作る．ただし，1 枚目に引いたカードを十の位，2 枚目に引
いたカードを一の位とする．このとき，次の問いに答えよ．

(1) 2 けたの数字が偶数となる確率を求めよ．

(2) 2 けたの数字が 3 の倍数となる確率を求めよ．

(3) 2 けたの数字の期待値を求めよ． (豊橋技科大 改)

(2) 3 の倍数である条件は，
各けたの数字の和が 3 で割
り切れることである．

> **例題** 男子 6 人と女子 2 人が円卓に着席するとき，次の確率を求めよ．
>
> (1) 女子 2 人が向かい合う確率
>
> (2) 女子 2 人が隣り合う確率
>
> (3) 女子 2 人が隣り合わない確率
>
> **解** 男子 6 人と女子 2 人の円卓への着席方法は全部で $(8-1)! = 7!$ 通りである．
>
> (1) 向かい合う女子 2 人の位置を固定し，残り 6 席に男子 6 人を着席させれば
> よい．男子 6 人の順列の総数は 6! 通りだから　$\dfrac{6!}{7!} = \dfrac{1}{7}$
>
> (2) 女子 2 人をまとめて，7 人とした円順列を考える．さらに，女子 2 人の入れ
> 替えを考えると $(7-1)! \times 2$ 通りだから　$\dfrac{6! \times 2}{7!} = \dfrac{2}{7}$

(3) 女子 2 人が隣り合わない事象は，女子 2 人が隣り合う事象の余事象だから

$$1 - \frac{2}{7} = \frac{5}{7}$$ //

30 5 個の白玉と 3 個の赤玉が入っている袋から 1 個ずつ全部の玉を取り出し，取り出した順に円形に並べる．このとき，次の確率を求めよ．

(1) 赤玉が隣り合わない確率

(2) 赤玉が 3 個連続する確率 （豊橋技科大 改）

31 4 組の親子計 8 名が丸く並んで 1 つの輪を作るとき，次の確率を求めよ．

(1) すべての親子が隣り合う確率

(2) 隣り合わない親子が 1 組以上できる確率

(3) 大人と子どもが交互になる確率

(4) 隣り合わない親子が 1 組以上できるか，または大人と子どもが交互にならない確率

(4) $\overline{A \cup B} = \overline{A} \cap \overline{B}$ を用いよ．

例題 正六角形の 6 つの頂点から，3 点を選んで三角形を作るとき，次の確率を求めよ．

(1) 正三角形となる確率 (2) 直角三角形となる確率

. . . .

解 3 点を選んでできる三角形の総数は ${}_6\mathrm{C}_3 = 20$ 個 である．

(1) 正三角形となる 3 点の選び方は 2 通りだから $\dfrac{2}{20} = \dfrac{1}{10}$

(2) 直角三角形となるものは中心を通る対角線 1 本に対して 4 通りあり，中心を通る対角線は 3 本だから

$$\frac{4 \times 3}{20} = \frac{3}{5}$$ //

---

32 円周上に 8 つの点が等間隔で並んでいる．このとき，次の確率を求めよ．

(1) 2 点を選んで直線で結ぶとき，円の直径となる確率

(2) 3 点を選んで三角形を作るとき，直角三角形となる確率

(3) 3 点を選んで三角形を作るとき，二等辺三角形でも直角三角形でもない確率

(4) 4 点を選んで四角形を作るとき，正方形となる確率

(5) 4 点を選んで四角形を作るとき，台形（正方形，長方形も含む）となる確率

33 正十二角形の各頂点から，3 点を選んで三角形を作るとき，次の確率を求めよ．

(1) 正三角形となる確率

(2) 直角三角形となる確率

(3) 二等辺三角形（正三角形も含む）となる確率

例題 箱の中に 1 から n までの番号がついた n 個の玉が入っている．無作為に 2 個の玉を取り出すとき，大きい方の番号を x とする．k を $2 \leqq k \leqq n$ であるような整数として，次の問いに答えよ．

(1) $x \leqq k$ となる確率を求めよ．

(2) $x = k$ となる確率を求めよ．

(3) x の期待値を求めよ．

・・・

解 (1) この確率を $P(k)$ とおく．取り出した 2 個とも k 以下であればよい．

$$P(k) = \frac{{}_k\mathrm{C}_2}{{}_n\mathrm{C}_2} = \frac{k(k-1)}{n(n-1)}$$

(2) この確率を p_k とおく．$k = 2$ のとき

$$p_2 = P(2) = \frac{2}{n(n-1)}$$

$3 \leqq k \leqq n$ のとき

$$p_k = P(k) - P(k-1) = \frac{{}_k\mathrm{C}_2}{{}_n\mathrm{C}_2} - \frac{{}_{k-1}\mathrm{C}_2}{{}_n\mathrm{C}_2}$$

$$= \frac{k(k-1) - (k-1)(k-2)}{n(n-1)} = \frac{2(k-1)}{n(n-1)}$$

この式は $k = 2$ の場合を含んでいる．

(3) $$E = \sum_{k=2}^{n} k\,p_k = \sum_{k=2}^{n} \frac{2k(k-1)}{n(n-1)} = \sum_{k=1}^{n} \frac{2k(k-1)}{n(n-1)}$$

$$\uparrow$$
$$k = 1 \text{ のとき，} \frac{2k(k-1)}{n(n-1)} = 0 \text{ より}$$

$$= \frac{2}{n(n-1)} \sum_{k=1}^{n} (k^2 - k)$$

$$= \frac{2}{n(n-1)} \left\{ \frac{n(n+1)(2n+1)}{6} - \frac{n(n+1)}{2} \right\}$$

$$= \frac{2}{3}(n+1) \qquad\qquad //$$

34 1 から n までの数字が 1 つずつ書いてある n 枚のカードから 1 枚引き，これを戻してから再び 1 枚引く．2 枚のカードの数字の和を x とするとき，次の問いに答えよ．

(1) $2 \leqq k \leqq n$ のとき，$x = k$ となる確率を求めよ．

(2) $1 \leqq k \leqq n$ のとき，$x = n + k$ となる確率を求めよ．

2　いろいろな確率

● **条件つき確率**　　$P(A) > 0$ のとき

　　事象 A が起こったという条件のもとで事象 B の起こる条件つき確率

$$P_A(B) = \frac{P(A \cap B)}{P(A)}$$

● **確率の乗法定理**　　$P(A) > 0$, $P(B) > 0$ のとき

$$P(A \cap B) = P(A)P_A(B) = P(B)P_B(A)$$

● **事象の独立**　　$P(A) > 0$, $P(B) > 0$, $P(A_1) > 0$, $P(A_2) > 0$, $\cdots$ とする.

　○ 事象 A と事象 B は互いに独立　　$\Longleftrightarrow$　　$P(A \cap B) = P(A)P(B)$

　○ 事象 A_1, A_2, $\cdots$, A_n は独立

　　　$\Longleftrightarrow$　　A_1, A_2, $\cdots$, A_n から任意にとった組 A_i, A_j, A_k, $\cdots$ について

$$P(A_i \cap A_j \cap A_k \cap \cdots) = P(A_i)P(A_j)P(A_k)\cdots$$

● **反復試行の確率**

　　試行 T を 1 回行うとき,事象 A の起こる確率を p とする. この試行を独立に n 回行うとき,事象 A が k 回起こる確率は

$$_n\mathrm{C}_k\, p^k q^{n-k} \qquad (q = 1 - p,\ k = 0,\ 1,\ 2,\ \cdots,\ n)$$

Basic

35 トランプ 52 枚をよく切って 1 枚を抜くとき，その札がスペードの素数である → 教 p.15 問・1
事象を A，絵札である事象を B とする．このとき $P_A(B)$ および $P_B(A)$ を求
めよ．

36 大小 2 個のさいころを同時に投げるとき，大きいさいころの出る目が偶数であ → 教 p.16 問・2
る事象を A，出る目の和が 7 である事象を B とする．このとき，次の確率を求
めよ．

(1) $P(A)$ (2) $P_A(B)$ (3) $P(A \cap B)$

37 あるスポーツクラブで観戦することが好きなスポーツに関する調査を行ったと
ころ，40 ％ の会員が野球が好きであり，そのうちの 70 ％ がサッカーも好きで → 教 p.17 問・3
あり，さらにそのうちの 80 ％ がテニスも好きであった．このスポーツクラブか
ら会員を任意に 1 人選ぶとき，次の確率を求めよ．

(1) 選ばれた会員が野球観戦は好きだがサッカー観戦は好きではない確率

(2) 選ばれた会員が野球観戦もサッカー観戦もテニス観戦も好きな確率

(3) 選ばれた会員が野球観戦もサッカー観戦も好きだがテニス観戦は好きでは
ない確率

38 20 本のくじの中に当たりくじが 4 本あり，A, B, C の 3 人が順に引いたくじを → 教 p.17 問・4
戻さずに 1 本ずつ引くとき，次の確率を求めよ．

(1) A が当たる確率

(2) B が当たる確率

(3) A，B，C がともに当たる確率

(4) A が当たり，B ははずれて，C が当たる確率

(5) C が当たる確率

39 次の問いに答えよ． → 教 p.19 問・5

(1) 1 から 600 までの整数から 1 つの数を選ぶとき，それが 3 の倍数である事
象を A，5 の倍数である事象を B とすると，A と B は互いに独立である
か．また，1 から 400 までの整数から選ぶ場合はどうか．

(2) 1 個のさいころを投げるとき，素数の目が出る事象を A，2 の倍数の目が出
る事象を B，3 の倍数の目が出る事象を C とするとき，A と B，B と C，
C と A は，それぞれ互いに独立であるか．

40 事象 A と事象 B が互いに独立で，$P(A) = \dfrac{1}{3}$，$P(B) = \dfrac{2}{5}$ のとき，次の確率 → 教 p.19 問·6
を求めよ．

(1) $P(A \cap B)$　　　　　　　　　(2) $P(A \cup B)$

41 赤玉 3 個，白玉 6 個が入っている袋から 1 個ずつ 3 回取り出すとき，1 回だけ → 教 p.20 問·7
赤玉である確率を次の取り出し方について求めよ．

(1) 復元抽出で取り出す　　　　　(2) 非復元抽出で取り出す

42 次の確率を求めよ． → 教 p.23 問·8

(1) 1 個のさいころを 4 回投げるとき，1 の目がちょうど 3 回出る確率

(2) 1 枚の硬貨を 7 回投げるとき，表がちょうど 2 回出る確率

(3) 白玉 2 個，黒玉 3 個が入っている袋から，1 個ずつ 3 回玉を復元抽出する
とき，白玉がちょうど 2 回出る確率

43 1 個のさいころを 3 回投げるとき，次の確率を求めよ． → 教 p.23 問·9

(1) 1 の目が 1 回，2 の目が 2 回出る確率

(2) 3 回とも奇数の目が出る確率

(3) 少なくとも 1 回奇数の目が出る確率

(4) 奇数の目が出る回数が偶数の目が出る回数より多くなる確率

(5) 3 回目に初めて 6 の目が出る確率

(6) 3 回目に 2 度目の 6 の目が出る確率

Check

44 1 から 50 までの異なる数字が書いてある 50 枚のカードから 1 枚のカードを取り出すとき，奇数である事象を A，3 の倍数である事象を B，5 の倍数である事象を C とする．このとき，次の確率を求めよ．

(1) $P(A)$　　　　(2) $P_A(B)$　　　　(3) $P_{A \cap B}(C)$　　　　(4) $P(A \cap B \cap C)$

45 5 本のくじの中に当たりくじが 3 本あり，A，B の 2 人が順に引いたくじを戻さずに 2 本ずつ引くとき，次の確率を求めよ．

(1) A が当たりくじを 1 本以上引く確率

(2) A が当たりくじを 2 本引いて，B が当たりくじを引く確率

(3) A が当たりくじを 1 本だけ引いて，B が当たりくじを引く確率

(4) B が当たりくじを引く確率

46 1 個のさいころを 3 回続けて投げるとき，1 回目に 1 の目が出る事象を A，2 回目に 1 の目が出る事象を B，3 回続けて 1 の目が出る事象を C とする．このとき，次の 2 つの事象は互いに独立であるか．

(1) A と B　　　　(2) B と C　　　　(3) C と A

47 8 本のくじの中に当たりくじが 3 本含まれている．このくじを 1 本ずつ 2 回引くとき，2 本とも当たりである確率を次の場合について求めよ．

(1) 復元抽出で引く　　　　(2) 非復元抽出で引く

48 1 枚の硬貨を 5 回投げるとき，次の確率を求めよ．

(1) 3 回以上表が出る確率　　　　(2) 少なくとも 1 回裏が出る確率

49 A，B の 2 人がじゃんけんをし，先に 3 回勝った方を勝者とする．あいこも 1 回の試行とするとき，次の確率を求めよ．

(1) 3 回で勝負がつく確率　　　　(2) 5 回目までに勝負がつく確率

Step up

例題　A，Bの2つの袋があり，Aには赤玉3個と白玉4個，Bには赤玉5個と白玉4個が入っている．いま任意に選んだ袋から1個の玉を取り出すとき，それが白玉である確率を求めよ．

解　A，Bどちらかの袋を任意に選ぶ確率は $\dfrac{1}{2}$ であり，選んだ袋から白玉を取り出す確率は，それぞれ次の通りである．

（ⅰ）Aを選んだ場合　$\dfrac{1}{2} \times \dfrac{4}{7} = \dfrac{2}{7}$

（ⅱ）Bを選んだ場合　$\dfrac{1}{2} \times \dfrac{4}{9} = \dfrac{2}{9}$

（ⅰ），（ⅱ）は互いに排反だから，求める確率は

$$\dfrac{2}{7} + \dfrac{2}{9} = \dfrac{32}{63}$$ //

50　A，B，Cの3つの袋があり，Aには赤玉3個と白玉2個，Bには赤玉4個と白玉1個，Cには赤玉2個と白玉3個が入っている．いま任意に選んだ袋から1個の玉を取り出すとき，それが白玉である確率を求めよ． ＿任意に袋を選ぶ確率は $\dfrac{1}{3}$

51　A，B，Cの3つの箱があり，Aには10本中4本，Bには10本中3本，Cには10本中2本の当たりくじが入っている．1個のさいころを投げて，1の目が出たときにはAから，2または3の目が出たときにはBから，4以上の目が出たときにはCからくじを1本引くとき，それが当たりくじである確率を求めよ．

例題　A，B，Cの3人がある試験に合格する確率がそれぞれ a, b, c であるとき，次の確率を求めよ．

(1) 少なくとも1人合格する確率

(2) 2人だけ合格する確率

解　(1) 少なくとも1人合格する事象の余事象は3人とも合格しない事象だから，求める確率は

$$1 - (1-a)(1-b)(1-c) = a + b + c - ab - bc - ca + abc$$

(2) A，Bが合格し，Cが合格しない確率は　$ab(1-c)$

A，Cが合格し，Bが合格しない場合，B，Cが合格し，Aが合格しない場合も同様に考えて

$$ab(1-c) + a(1-b)c + (1-a)bc = ab + bc + ca - 3abc$$ //

52 A，B，C の 3 つの製品に含まれている不良品の割合はそれぞれ 1%，1.5%，0.5%であることが知られている．A，B，C の 3 つの製品をそれぞれ 1 つずつ 3 製品とも購入したとき，次の確率を求めよ．

(1) A，B，C の 3 製品とも不良品である確率

(2) 3 製品のうち 2 つの製品のみ不良品である確率

(3) 3 製品のうち少なくとも 1 つの製品が不良品である確率

例題 2 人の学生 S_1，S_2 があるゲームを 2 回行う．S_1 が 2 回目のゲームに勝つ確率は $\dfrac{2}{3}$ であるが，1 回目のゲームに勝ったときに 2 回目のゲームに勝つ確率は $\dfrac{1}{3}$ であり，1 回目のゲームに負けたときに 2 回目のゲームに勝つ確率は $\dfrac{3}{4}$ である．このとき，S_1 が 1 回目のゲームに勝つ確率を求めよ．

解 S_1 が 1 回目に勝つ事象を A，2 回目に勝つ事象を B とするとき

$$P(B) = P(A \cap B) + P(\overline{A} \cap B) = P(A)P_A(B) + P(\overline{A})P_{\overline{A}}(B)$$

であることを用いる．

$P(B) = \dfrac{2}{3}$，$P_A(B) = \dfrac{1}{3}$，$P_{\overline{A}}(B) = \dfrac{3}{4}$ だから

$$\dfrac{2}{3} = \dfrac{1}{3}P(A) + \dfrac{3}{4}(1 - P(A)) \qquad \therefore \quad P(A) = \dfrac{1}{5} \qquad //$$

53 ある弓道の選手が矢を 2 回射る．この選手の 2 回目の命中率は 0.6 であるが，1 回目に命中したときの 2 回目の命中率は 0.7 であり，1 回目に外したときの 2 回目の命中率は 0.5 である．この選手の 1 回目の命中率を求めよ．

54 a 本のくじの中に当たりくじが b 本含まれている．A，B の 2 人が順に引いたくじを戻さずに 1 本ずつ引くとき，B が当たる確率を求めよ．

例題 男性 55 人，女性 35 人の会社から任意に 1 人の社員を選ぶとき，選ばれた社員が男性である事象を A，電車通勤をしている事象を B とする．このとき，次の問いに答えよ．

(1) 電車通勤をしている男性が 33 人，電車通勤をしている女性が 21 人であるとき，A と B は互いに独立であることを証明せよ．

(2) 電車通勤をしている男性が m 人，電車通勤をしている女性が n 人であるとき，A と B が互いに独立となる最も簡単な整数の比 $m:n$ を求めよ．

解 A と B が互いに独立であるための条件は，$P(A \cap B) = P(A)P(B)$ である．

(1) $P(A) = \dfrac{55}{90} = \dfrac{11}{18}$，$P(B) = \dfrac{54}{90} = \dfrac{3}{5}$，$P(A \cap B) = \dfrac{33}{90} = \dfrac{11}{30}$

$P(A \cap B) = P(A)P(B)$ が成り立つから，互いに独立である．

(2) $P(A \cap B) = P(A)P(B)$ から

$$\frac{m}{90} = \frac{11}{18} \times \frac{m+n}{90}, \ m \leqq 55, \ n \leqq 35$$

整理すると $7m = 11n$ となるから $m:n = 11:7$ //

55 1枚の硬貨を2回投げるとき，1回目が表である事象を A，少なくとも1回は表である事象を B とする．このとき，A，B は互いに独立でないことを証明せよ．

56 4枚のカードに数字が書かれている．この中から1枚引くとき，それが2の倍数である事象を A，3の倍数である事象を B とする．次のそれぞれの場合について，A と B は互いに独立であるか．

(1) 4枚のカードの数字が 2, 3, 5, 12 であるとき

(2) 4枚のカードの数字が 2, 3, 6, 12 であるとき

57 男子21人，女子15人のクラスから任意に1人の生徒を選ぶとする．選ばれた生徒が男子であるという事象を A，眼鏡をかけているという事象を B とするとき，次の問いに答えよ．

(1) 眼鏡をかけた男子が10人，眼鏡をかけた女子が8人であるとき，A と B は互いに独立か．

(2) 眼鏡をかけた男子が14人，眼鏡をかけた女子が10人であるとき．A と B は互いに独立か．

(3) 眼鏡をかけた男子が m 人，眼鏡をかけた女子が n 人であるとき，A と B が互いに独立となるような整数の組 (m, n) をすべて求めよ．

(長岡技科大)

例題 a 個の白球と b 個の赤球の入っている袋がある．最初にその袋から任意に1個の球を取り出して球の色を調べ袋の中に戻し，同時にその球と同じ色の球 c 個を袋に加えるものとする．このとき，2回目に取り出す球が白である確率を求めよ．

解 最初に取り出した球が白であるという事象を A_1，赤であるという事象を A_2 とする．2回目に白球を取り出す事象を B とするとき，$A_1 \cap B$ と $A_2 \cap B$ は互いに排反だから

$$P(B) = P((A_1 \cap B) \cup (A_2 \cap B)) = P(A_1 \cap B) + P(A_2 \cap B)$$
$$= P(A_1)P_{A_1}(B) + P(A_2)P_{A_2}(B)$$
$$= \frac{a}{a+b} \cdot \frac{a+c}{a+b+c} + \frac{b}{a+b} \cdot \frac{a}{a+b+c} = \frac{a}{a+b} //$$

58 見かけが同じ 2 つの袋があり，一方には赤玉が 10 個，他方には白玉が 10 個入っている．いま，無作為に 1 つの袋を選び A の袋とし，他方を B の袋とする．A の袋から 1 個の玉を取り出し，それが赤玉ならその玉を元に戻してから A の袋の赤玉 5 個と B の袋の白玉 5 個を入れ替え，白玉ならその玉を元に戻してから A の袋の白玉 3 個と B の袋の赤玉 3 個を入れ替えることにする．A の袋から 2 回玉を取り出すとき，2 回目が赤玉である確率を求めよ．

例題 数直線上を動く点 P が原点の位置にある．1 個のさいころを投げて，出る目が 1 ならば正の方向に 1 進め，2 または 3 ならば負の方向に 1 進め，4 以上ならば動かさない．この操作を 4 回行ったあとに，点 P が原点にある確率を求めよ．

··

解　さいころを 4 回投げて，点 P が原点にあるのは次の 3 つの場合である．

(ⅰ) 1 度も原点から動かない　$\left(\dfrac{1}{2}\right)^4 = \dfrac{1}{16}$

(ⅱ) 2 回動かず，2 回動いて原点に戻る　$\dfrac{4!}{2!1!1!} \times \left(\dfrac{1}{2}\right)^2 \times \dfrac{1}{6} \times \dfrac{1}{3} = \dfrac{1}{6}$

(ⅲ) 4 回動いて原点に戻る　$\dfrac{4!}{2!2!} \times \left(\dfrac{1}{6}\right)^2 \times \left(\dfrac{1}{3}\right)^2 = \dfrac{1}{54}$

これらは互いに排反だから，求める確率は

$$\dfrac{1}{16} + \dfrac{1}{6} + \dfrac{1}{54} = \dfrac{107}{432} \qquad //$$

59 座標平面上を動く点 P が原点の位置にある．硬貨を投げるたびに，x 軸の正の方向に 1 進め，さらに，表ならば y 軸の正の方向に 2，裏ならば y 軸の負の方向に 1 進める．このとき，次の確率を求めよ．

(1) 点 P が点 $(3, 3)$ を通る確率

(2) 点 P が点 $(3, 3)$ を通り，かつ点 $(5, 4)$ を通る確率

Plus

1——数列を用いた確率の計算

初項 a, 公比 r の等比数列を $\{ar^{n-1}\}$ とおく．このとき，初項から第 n 項までの和，および等比級数の和について，公式

$$a + ar + ar^2 + \cdots + ar^{n-1} = \frac{a(1-r^n)}{1-r}$$

$$a + ar + ar^2 + \cdots + ar^{n-1} + \cdots = \frac{a}{1-r}$$

が成り立つ．ただし，$a \neq 0$, $0 < r < 1$ とする．

これらの公式を用いて，確率を計算する問題を例題として示す．

> **例題** A, B, C の3人で優勝決定戦を行う．まず A と B が戦い，勝った方と C が戦う．以降，勝った方と残りの1人が戦うことを繰り返し，最初に2連勝した人が優勝となる．A, B, C それぞれの優勝する確率を求めよ．ただし，それぞれの戦いで勝つ確率はすべて $\frac{1}{2}$ であるとする．

解 まず，A が優勝する確率を求める．

（ i ） 最初に A が勝つ場合

$$\text{AA}, \quad \text{ACBAA}, \quad \text{ACBACBAA}, \quad \cdots$$

の順番で勝つときに A が優勝し，それぞれの確率は

$$\left(\frac{1}{2}\right)^2, \quad \left(\frac{1}{2}\right)^5, \quad \left(\frac{1}{2}\right)^8, \quad \cdots$$

$$\therefore \quad \left(\frac{1}{2}\right)^2 + \left(\frac{1}{2}\right)^5 + \left(\frac{1}{2}\right)^8 + \cdots = \frac{\left(\frac{1}{2}\right)^2}{1 - \left(\frac{1}{2}\right)^3} = \frac{2}{7}$$

（ ii ） 最初に B が勝つ場合

$$\text{BCAA}, \quad \text{BCABCAA}, \quad \text{BCABCABCAA}, \quad \cdots$$

の順番で勝つときに A が優勝し，それぞれの確率は

$$\left(\frac{1}{2}\right)^4, \quad \left(\frac{1}{2}\right)^7, \quad \left(\frac{1}{2}\right)^{10}, \quad \cdots$$

$$\therefore \quad \left(\frac{1}{2}\right)^4 + \left(\frac{1}{2}\right)^7 + \left(\frac{1}{2}\right)^{10} + \cdots = \frac{\left(\frac{1}{2}\right)^4}{1 - \left(\frac{1}{2}\right)^3} = \frac{1}{14}$$

したがって，A が優勝する確率は $\dfrac{2}{7} + \dfrac{1}{14} = \dfrac{5}{14}$

同様に，B が優勝する確率は $\dfrac{5}{14}$

C が優勝する確率は $1 - \dfrac{5}{14} - \dfrac{5}{14} = \dfrac{2}{7}$ ∥

無限回の試行を扱う場合の確率計算は，本書の確率の定義からは外れているがこれまでの類推で同様に計算できる．

60 A, B, C の3人がじゃんけんを行い，特定の1人だけが勝ったとき終了するものとする．このとき，次の問いに答えよ．

「特定の1人」とは，A, B, C のうち，例えば A ということである．

(1) 1 回で終了する確率を求めよ.

(2) ちょうど n 回目で終了する確率 $P(n)$ を求めよ.

(3) n 回以内に終了する確率を求めよ.

(4) n 回以内に終了する確率が 50% 以上となる最小の回数 n を求めよ. ただし, $\log_{10} 2 = 0.301$, $\log_{10} 3 = 0.477$ とする.

(5) (2) の確率 $P(n)$ に回数を乗じ, これの N 回目までの和, すなわち, $\displaystyle\sum_{n=1}^{N} nP(n)$ を求めよ.

(6) (5) の N を無限大としたときの値を求めよ. ただし, $|p| < 1$ のとき, $\displaystyle\lim_{N\to\infty} Np^N = 0$ を用いてよい. 　　　　　　　　　（名古屋大 改）

次の例題は, 漸化式を利用して確率を計算する問題である.

例題 A の袋には白玉 1 個と黒玉 2 個が, B の袋には黒玉 3 個が入っている. それぞれの袋から同時に 1 個ずつ取って入れ換える操作を繰り返す. この操作を n 回繰り返した後に A の袋に白玉が入っている確率 a_n を求めよ.

....

解　1 回後に A に白玉が入っているのは A から黒, B から黒を取る場合だから

$$a_1 = \frac{2}{3}$$

A の袋に白玉が入っている場合, $\dfrac{2}{3}$ の確率で A の袋に白玉が残り, B の袋に白玉が入っている場合, $\dfrac{1}{3}$ の確率で A の袋に白玉が移るから

$$a_{n+1} = a_n \times \frac{2}{3} + (1 - a_n) \times \frac{1}{3} = \frac{1}{3}a_n + \frac{1}{3}$$

この式を定数 α を使って, $a_{n+1} - \alpha = \dfrac{1}{3}(a_n - \alpha)$ と変形する.

変形後の式を整理すると, $a_{n+1} = \dfrac{1}{3}a_n + \dfrac{2}{3}\alpha$ より $\alpha = \dfrac{1}{2}$, すなわち

$$a_{n+1} - \frac{1}{2} = \frac{1}{3}\left(a_n - \frac{1}{2}\right)$$

数列 $\left\{a_n - \dfrac{1}{2}\right\}$ は, 初項 $a_1 - \dfrac{1}{2} = \dfrac{1}{6}$, 公比 $\dfrac{1}{3}$ の等比数列だから

$$a_n - \frac{1}{2} = \frac{1}{6}\left(\frac{1}{3}\right)^{n-1}$$

したがって

$$a_n = \frac{1}{6}\left(\frac{1}{3}\right)^{n-1} + \frac{1}{2} \qquad\qquad //$$

---

61 A の袋には白玉 1 個と黒玉 5 個が, B の袋には黒玉 4 個が入っている. それぞれの袋から同時に 2 個ずつ取って入れ換える操作を繰り返す. この操作を n 回繰り返した後に A の袋に白玉が入っている確率 a_n を求めよ.

62 1, 2, 3 の数字の書かれている 3 枚のカードから，任意に 1 枚引き，戻してから，また任意に 1 枚引くという操作を n 回繰り返すとき，取り出したカードの総和が偶数である確率 a_n を求めよ．

63 正八面体のさいころがあり，各面には 0 から 7 までの整数が 1 つずつ書かれている．また，このさいころを投げたときに，各面は等確率で出るものとする．このさいころを n 回投げて，出た目を順に小数点以下に並べた数を x_n とする．ただし，x_n の整数部分は 0 とする．例えば，$n = 4$ で，出た目が順に 5, 0, 7, 3 であれば，$x_4 = 0.5073$ となる．n が 2 以上の偶数であるとき $x_n < \dfrac{8}{33}$ となる確率を p_n とする．このとき，以下の問いに答えよ．

(1) p_2 を求めよ．

(2) n が 4 以上の偶数であるとき，p_n を p_{n-2} と n を用いて表せ．

(3) p_n を求めよ． （大阪大）

数列の考え方を用いて，確率が最大となる場合を求める問題を例題として示す．

> **例題** 1 の目が 3 回出るまでさいころを投げ続けるゲームをする．n 回投げたときに 3 回目の 1 の目が出る事象を E_n とする．
> (1) $P(E_n)$ を求めよ．　　　　(2) $P(E_n)$ が最大になる n を求めよ．
>
> **解** (1) $n = 1, 2$ のときは　$P(E_n) = 0$
> 以下では，$n \geqq 3$ とする．
> $n-1$ 回目までに 1 の目が 2 回出て，n 回目に 1 の目が出る場合だから
> $$P(E_n) = {}_{n-1}\mathrm{C}_2\left(\frac{1}{6}\right)^2\left(\frac{5}{6}\right)^{n-1-2} \times \frac{1}{6} = \frac{(n-1)(n-2)5^{n-3}}{2 \cdot 6^n}$$
> (2) $\dfrac{P(E_{n+1})}{P(E_n)} = \dfrac{n(n-1)5^{n-2}}{2 \cdot 6^{n+1}} \Big/ \dfrac{(n-1)(n-2)5^{n-3}}{2 \cdot 6^n}$
> $$= \frac{5n}{6(n-2)}$$
> $\dfrac{P(E_{n+1})}{P(E_n)} \geqq 1$ となる n を求めると　$n \leqq 12$
> したがって
> $n \leqq 11$ のとき　$P(E_n) < P(E_{n+1})$
> $n = 12$ のとき　$P(E_{12}) = P(E_{13})$
> $n \geqq 13$ のとき　$P(E_n) > P(E_{n+1})$
> よって，最大になる n は　$n = 12, 13$ //

64 さいころを 100 回投げるとき，1 の目が n 回出る事象を F_n とする．

(1) $P(F_n)$ を求めよ．　　　　(2) $P(F_n)$ が最大になる n を求めよ．

2──補章関連

ベイズの定理

→ 教 p.115

事象 A_1, A_2, $\cdots$, A_n が互いに排反で

$$A_1 \cup A_2 \cup \cdots \cup A_n = \Omega,\ P(A_k) > 0 \quad (k = 1,\ 2,\ \cdots,\ n)$$

とする．このとき，$P(B) > 0$ である事象 B について

$$P_B(A_k) = \frac{P(A_k)P_{A_k}(B)}{P(B)} = \frac{P(A_k)P_{A_k}(B)}{\displaystyle\sum_{i=1}^{n} P(A_i)P_{A_i}(B)} \quad (k = 1,\ 2,\ \cdots,\ n)$$

が成り立つ．

この定理を用いて，確率を計算する問題を例題として示す．

例題 ある工場では，車の 1 つの部品を 3 つの機械 M_1, M_2, M_3 で作っている．M_1, M_2, M_3 での 1 日の生産量はそれぞれ 1500 個，1200 個，1000 個である．M_1 による製品には 2 ％，M_2 による製品には 1.5 ％，M_3 による製品には 1 ％の割合で不良品が含まれている．このとき，1 日に M_1, M_2, M_3 により作られた製品全体について，次の確率を求めよ．

(1) 任意に取り出した 1 個が不良品である確率

(2) 取り出した不良品が M_1, M_2, M_3 それぞれで作られた確率

解 任意に取り出した製品が M_1, M_2, M_3 の機械で作られたものであるという事象をそれぞれ A_1, A_2, A_3，不良品であるという事象を B で表すと

$$P(A_1) = \frac{15}{37},\ P(A_2) = \frac{12}{37},\ P(A_3) = \frac{10}{37}$$

$$P_{A_1}(B) = \frac{2}{100},\ P_{A_2}(B) = \frac{1.5}{100},\ P_{A_3}(B) = \frac{1}{100}$$

(1) $P(B) = P(A_1)P_{A_1}(B) + P(A_2)P_{A_2}(B) + P(A_3)P_{A_3}(B)$

$$= \frac{15}{37} \times \frac{2}{100} + \frac{12}{37} \times \frac{1.5}{100} + \frac{10}{37} \times \frac{1}{100}$$

$$= \frac{29}{1850}$$

(2) ベイズの定理より，取り出した不良品が M_1 で作られた確率は

$$P_B(A_1) = \frac{P(A_1)P_{A_1}(B)}{P(B)} = \frac{\dfrac{15}{37} \times \dfrac{2}{100}}{\dfrac{29}{1850}} = \frac{15}{29}$$

同様に，M_2 で作られた確率は　$P_B(A_2) = \dfrac{9}{29}$

M_3 で作られた確率は　$P_B(A_3) = \dfrac{5}{29}$　　//

65 ある学校では，学生の 45 % が自宅に住んでいて，そのうちの 70 % は自転車通学をしている．また，自宅以外に住んでいる学生のうちの 60 % が自転車通学をしている．いま，自転車通学をしている学生の中から任意に 1 人を選ぶとき，その学生が自宅に住んでいる確率を求めよ．

66 ある学校の学生の男女比は 4 : 1 で，男子の $\dfrac{3}{5}$，女子の $\dfrac{1}{3}$ が運動部に所属している．このとき，次の確率を求めよ．

(1) 学生を任意に 1 人選ぶとき，その学生が運動部に所属している確率

(2) 運動部に所属する学生を任意に 1 人選ぶとき，その学生が女子である確率

67 あるサッカーチーム J の勝率は 40 % であるが，Q 選手がゴールを決めた試合は勝率が 80 % に上がる．Q 選手が試合でゴールを決める確率を 30 % として，次の確率を求めよ．ただし，勝率は勝ち試合と負け試合の合計に対する勝ち試合の割合とする．

(1) このチーム J が勝った試合で Q 選手がゴールを決めている確率

(2) このチーム J が負けた試合で Q 選手がゴールを決めている確率

68 ある病気にかかっているかどうかを簡易的に検査する方法に A, B, C があり，そのいずれか 1 つだけを受けるものとする．また，それぞれの検査で陽性反応を示した人のうち，A は 2 %，B は 3 %，C は 4 % の割合で実際にはその病気にかかっていない人がいることがわかっている．いま，それぞれの検査で陽性反応を示した人を集めたところ，その人数比は A, B, C の順に 5 : 6 : 7 であった．このうちの 1 人を任意に選ぶとき，次の確率を求めよ．

(1) 病気にかかっていない確率

(2) 精密検査をさらに行ったところ，病気にかかっていないことがわかったとき，この人が検査 B で陽性反応を示した人である確率

3──いろいろな問題

69 n 枚の硬貨がある．$n \geqq 3$ として，次の問いに答えよ．

(1) これらの硬貨を同時に投げたときに，ちょうど 1 枚だけが他の $(n-1)$ 枚と異なる結果（表か裏か）となる確率 P を求めよ．

(2) これらの硬貨を同時に投げることを繰り返し，ちょうど 1 枚だけが他の $(n-1)$ 枚と異なる結果になった時点で終了する．ちょうど k 回目で終了する確率を求めよ．

(3) (2) において，k 回以内に終了する確率を求めよ．

(4) (2) において，終了するまでにかかる回数の期待値を求めよ． （東京大 改）

70 確率 p $(0 < p < 1)$ で表の出るコインを用いて 1 人のプレイヤーが行うゲーム
を考える．プレイヤーは持ち点を k（k は正の整数）としてゲームを開始し，コ
イントスを行って表が出れば持ち点が 1 点増え，裏が出れば持ち点が 1 点減る
試行（ラウンドと呼ぶ）を繰り返す．持ち点が n になればプレイヤーの勝利で
ゲームは終了し，持ち点が 0 点になればプレイヤーの敗北でゲームは終了する．
ただし，n は k より大きい整数とする．持ち点 k から開始して勝利する確率を
P_k で表すとき，次の問いに答えよ．

(1) $n = 4$ のとき，p を用いて P_2 を表せ．

(2) $p = \dfrac{1}{2}$ とし，$n \geqq 4$ とする．このとき，$k = 2, \cdots, n-2$ に対しては
$$P_k = pP_{k+1} + (1-p)P_{k-1}$$
が成り立つことを用いて，P_k を求めよ．

(3) $p = \dfrac{1}{3}$ とする．また，$k \geqq 3$ として，$n = k+2$ とする．このとき，6 ラ
ウンド以内にプレイヤーが勝利する確率を求めよ．　　　　　（九州大 改）

71 事象 X と事象 Y について，X と Y が両方生起するという事象を $X \cap Y$，X
が生起しないという事象を $\overline{X}$ で表すことにする．事象 X と事象 Y が独立であ
れば，X と $\overline{Y}$ も独立である．事象 X が生起する確率を $P(X)$ と表し，X が
生起したときに Y が生起する条件つき確率を $P_X(Y)$ と表す．

さて，泥棒が入るか地震が発生するか，いずれかが生じると作動する警報器が
ある．この警報器は誤作動することもあるという．警報器が作動するという事
象を A，泥棒が入るという事象を B，地震が起こるという事象を E で表すとき
$$P(A) = 0.36, \qquad P(B) = 0.2, \qquad P(E) = 0.1$$
$$P_{B \cap E}(A) = 0.9, \quad P_{B \cap \overline{E}}(A) = 0.7, \quad P_{\overline{B} \cap E}(A) = 0.9$$
であることがわかっている．事象 B と E は互いに独立に生起すると仮定した
とき，次の問いに答えよ．

(1) 警報器が作動したときに泥棒が入った確率 $P_A(B)$ を求めよ．

(2) 警報器が誤作動する確率 $P_{\overline{B} \cap \overline{E}}(A)$ を求めよ．　　　　　（京都大 改）

(1) $A \cap B \cap E$，$A \cap B \cap \overline{E}$ の和を考えよ．

データの整理

1　1次元のデータ

まとめ

● **度数分布**

○ 階級値　階級を代表する値（階級の中央の値を用いることが多い）

度数分布表

階級値	度数	相対度数
x_1	f_1	f_1/n
x_2	f_2	f_2/n
$\vdots$	$\vdots$	$\vdots$
x_k	f_k	f_k/n
計	n	1

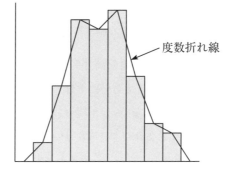

ヒストグラム

度数折れ線

● **代表値**

○ 平均　　　$\displaystyle \overline{x} = \frac{1}{n}\sum_{i=1}^{n} x_i \qquad \overline{x} = \frac{1}{n}\sum_{i=1}^{k} x_i f_i \qquad (f_1 + f_2 + \cdots + f_k = n)$

○ 平均の性質

　　$y = ax + b$ のとき　$\overline{y} = a\overline{x} + b$

○ 中央値（メディアン）　データを順に並べたとき，中央に位置する値

○ 最頻値（モード）　　　度数分布表で，度数が最も大きくなる階級の階級値

● **散布度**

○ 分散　　　$\displaystyle v_x = \frac{1}{n}\sum_{i=1}^{n}(x_i - \overline{x})^2 \qquad v_x = \frac{1}{n}\sum_{i=1}^{k}(x_i - \overline{x})^2 f_i$

○ 標準偏差　$s_x = \sqrt{v_x} \qquad v_x = {s_x}^2$

○ 分散と標準偏差の性質

　　$\displaystyle v_x = \frac{1}{n}\sum_{i=1}^{n}{x_i}^2 - \overline{x}^2 = \overline{x^2} - \overline{x}^2 \qquad v_x = \frac{1}{n}\sum_{i=1}^{k}{x_i}^2 f_i - \overline{x}^2$

　　$y = ax + b$ のとき　$v_y = a^2 v_x \qquad s_y = |a| s_x$

Basic

72 あるクラス 40 人の身長（単位 cm）を測定したところ，次の結果を得た．これ → 教 p.30 問·1
から累積度数分布表を作れ．

階級	162 以上 166 未満	166～170	170～174	174～178	178～182	182～186
度数	5	8	12	6	5	4

73 問題 72 のデータについて，ヒストグラムと度数折れ線を作れ． → 教 p.30 問·2

74 問題 72 のデータについて，身長の平均を求めよ． → 教 p.31 問·3

75 次の 7 個のデータ x を変量 $u = \dfrac{x-30}{0.01}$ に変換し，さらにデータの平均を u を → 教 p.32 問·4
用いて計算せよ．

$$29.88 \quad 30.11 \quad 29.96 \quad 30.15 \quad 30.18 \quad 29.82 \quad 30.16$$

76 次のデータについて，平均と中央値を求めよ． → 教 p.33 問·5
(1) 1　1　2　3　4　5　5　7　9　10
(2) 1　1　2　3　4　5　6　7　9　10　18

77 あるクラス 45 人の体重（単位 kg）を測定したところ，次の結果を得た．この → 教 p.33 問·6
データにおける最頻値を求めよ．また，中央値はどの階級にあるか．

階級	40 以上 45 未満	45～50	50～55	55～60	60～65	65～70	70～75	75～80
度数	2	4	12	9	13	2	0	3

78 的に当たった矢の本数を得点として勝敗を決める弓道競技を行った．次の数値 → 教 p.36 問·7
は 12 名の学生がそれぞれ 10 本の矢を射たときの得点である．この得点の範囲，
平均および標準偏差を求めよ．

$$4 \quad 6 \quad 2 \quad 8 \quad 3 \quad 6 \quad 5 \quad 3 \quad 6 \quad 7 \quad 5 \quad 8$$

79 次の数値は，A 市の 10 日間の正午の気温（単位 °C）である． → 教 p.37 問·8

$$19.6 \quad 20.2 \quad 19.4 \quad 14.6 \quad 25.8 \quad 22.3 \quad 23.2 \quad 20.7 \quad 21.6 \quad 19.1$$

このデータから気温の平均と標準偏差を求めよ．

80 次の度数分布表は，ある大学の 1 年女子学生 100 人の身長（単位 cm）の記録 → 教 p.38 問·9
である．この度数分布表から，女子学生の身長の平均と標準偏差を求めよ．

階級値	146	150	154	158	162	166	170	174	計
度数	4	8	15	27	24	15	5	2	100

Check

81 ある大学 1 年生 40 人の身長（単位 cm）を測定したところ，次の結果を得た．

階級	155 以上 160 未満	160〜165	165〜170	170〜175	175〜180	180〜185
度数	1	5	11	14	7	2

(1) 累積度数分布表を作れ．

(2) ヒストグラムと度数折れ線を作れ．

(3) 身長の平均を求めよ．

82 8 本の鉛筆の重さ x（単位 g）を量ったところ，次の結果を得た．

$$7.45 \quad 7.42 \quad 7.45 \quad 7.44 \quad 7.46 \quad 7.45 \quad 7.43 \quad 7.42$$

(1) $u = \dfrac{x - 7.4}{0.01}$ を用いて，変量 u のデータを作り，u の平均を求めよ．

(2) 変量 u を用いて鉛筆の重さの平均を求めよ．

83 次の数値は，2011 年から 2020 年までの 10 年間の台風の発生件数である．

$$21 \quad 25 \quad 31 \quad 23 \quad 27 \quad 26 \quad 27 \quad 29 \quad 29 \quad 23$$

(1) 平均と中央値を求めよ．

(2) 範囲，分散および標準偏差を求めよ．

84 次の数値は，ある市の 1 月から 12 月まで毎月 1 日の正午の気温（単位 °C）である．

$$5.3 \quad 10.6 \quad 8.8 \quad 10.9 \quad 20.3 \quad 24.6 \quad 22.8 \quad 29.1 \quad 26.8 \quad 28.5 \quad 16.3 \quad 7.1$$

(1) 平均と中央値を求めよ．

(2) 範囲，分散および標準偏差を求めよ．

85 問題 81 について，次の問いに答えよ．

(1) 身長の最頻値を求めよ．

(2) 身長の中央値はどの階級にあるか．

(3) 身長の分散と標準偏差を求めよ．

86 次の度数分布表は，ある大学の 1 年生 80 人の通学時間（単位 分）のデータである．この度数分布表から，学生の通学時間の平均と標準偏差を求めよ．

階級値	5	15	25	35	45	55	65	75	計
度数	1	2	5	13	17	23	14	5	80

Step up

例題 20 歳の学生 30 名の握力（単位 kg）を調べたところ，次の結果を得た.

| 43 | 47 | 42 | 43 | 49 | 56 | 39 | 43 | 49 | 41 | 44 | 52 | 44 | 30 | 44 |
| 47 | 57 | 36 | 41 | 58 | 48 | 38 | 49 | 51 | 43 | 39 | 48 | 51 | 43 | 48 |

30 以上 60 未満の範囲でヒストグラムを作るとき，次の問いに答えよ.

(1) 階級の数が 3 および 15 のときのヒストグラムはどのようになるか.

(2) 階級の数 k を決める目安として，**スタージェスの公式**が知られている.

$$k = 1 + \frac{\log_{10} n}{\log_{10} 2} \quad (n \text{ はデータの個数})$$

この公式により階級の数を定め，ヒストグラムを作れ.

解 データを小さい順に並べ替えると次のようになる.

| 30 | 36 | 38 | 39 | 39 | 41 | 41 | 42 | 43 | 43 | 43 | 43 | 43 | 44 | 44 |
| 44 | 47 | 47 | 48 | 48 | 48 | 49 | 49 | 49 | 51 | 51 | 52 | 56 | 57 | 58 |

(1) 階級の数が 3 のとき，階級の幅は 10 で，階級は 30 以上 40 未満，40 以上 50 未満，50 以上 60 未満，それぞれの度数は 5, 19, 6 である. また，階級の数が 15 のときの階級の幅は 2 で，度数分布表は次のようになる.

階級値	31	33	35	37	39	41	43	45	47	49	51	53	55	57	59
度数	1	0	0	1	3	2	6	3	2	6	2	1	0	2	1

それぞれのヒストグラムは，次のようになる.

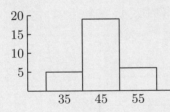
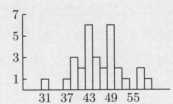

(2) スタージェスの公式に $n = 30$ を代入して

$$k = 1 + \frac{\log_{10} 30}{\log_{10} 2} \fallingdotseq 5.91$$

したがって，階級の数は 6 とする.

また，範囲を階級の数で割って

$$\frac{58 - 30}{6} \fallingdotseq 4.67$$

したがって，階級の幅は 5 とする.

度数分布表とヒストグラムは右のようになる.

階級値	32.5	37.5	42.5	47.5	52.5	57.5
度数	1	4	11	8	3	3

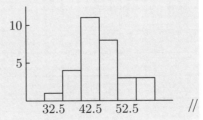

●**注**…… 分布のようすを正確につかむためには，階級の数を適切に定める必要がある.

87 ある工場では，機械の部品となる金属棒を製作している．その中から任意に 18 本を選び，その長さ x（単位 cm）を測定したところ，次の値を得た．

$$49.7 \quad 49.1 \quad 49.3 \quad 50.6 \quad 49.8 \quad 49.3 \quad 50.0 \quad 49.1 \quad 50.1$$

$$49.6 \quad 50.3 \quad 49.5 \quad 50.8 \quad 50.6 \quad 49.0 \quad 50.1 \quad 49.3 \quad 49.9$$

(1) $u = \dfrac{x - 49}{0.1}$ を用いて，変量 u のデータを作れ．

(2) スタージェスの公式により階級の数を定め，変量 u の度数分布表を作れ．

(3) 変量 u のヒストグラムを作れ．

例題 標準偏差 s_x を平均 $\overline{x}$ で割った $\dfrac{s_x}{\overline{x}}$ を**変動係数**という．

次のデータは全国の大型小売店とコンビニの 1 月から 8 月の販売額（単位 1000 億円）を示したものである．それぞれの変動係数を求めよ．

| 大型小売店 | 16.9 | 14.2 | 16.6 | 15.5 | 15.9 | 16.4 | 17.1 | 15.8 |
| コンビニ | 7.5 | 7.0 | 8.1 | 7.8 | 8.3 | 8.3 | 9.0 | 9.0 |

解 大型小売店を x，コンビニを y とおくと

$$\overline{x} = 16.050, \quad v_x = 0.757500, \quad s_x = \sqrt{v_x} = 0.87034$$

$$\overline{y} = 8.125, \quad v_y = 0.419375, \quad s_y = \sqrt{v_y} = 0.64759$$

したがって，変動係数はそれぞれ

$$\text{大型小売店} \quad \frac{0.87034}{16.050} = 0.0542 \qquad \text{コンビニ} \quad \frac{0.64759}{8.125} = 0.0797 \quad /\!/$$

●**注**⋯⋯変動係数は平均が著しく異なるデータの散布度を比較する場合に用いられる．
上の例題では，変動係数から見るとコンビニのばらつきの方が大きい．

88 次の表は，5 歳と 17 歳 10 人ずつの身長（単位 cm）のデータである．それぞれの変動係数を求めよ．

| 5 歳 | 115.5 108.2 110.2 107.3 105.4 111.1 104.9 115.3 113.0 111.0 |
| 17 歳 | 176.1 167.5 179.9 170.0 168.1 175.1 169.3 174.0 166.4 170.6 |

89 次の度数分布表は，ある大学の入学試験における受験者 50 名の数学と英語の得点のデータである．それぞれの変動係数を求めよ．

階級値	5	15	25	35	45	55	65	75	85	95	計
数学の度数	0	1	5	7	8	12	12	4	1	0	50
英語の度数	0	0	0	2	10	9	12	6	6	5	50

2　2次元のデータ

まとめ

● **散布図**

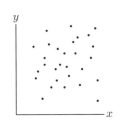

● **共分散**

○ $s_{xy} = \dfrac{1}{n}\displaystyle\sum_{i=1}^{n}(x_i - \overline{x})(y_i - \overline{y})$

○ $s_{xy} = \overline{xy} - \overline{x}\,\overline{y}$　　ただし　$\overline{xy} = \dfrac{1}{n}\displaystyle\sum_{i=1}^{n}x_i y_i$

● **相関係数**

○ $r = \dfrac{s_{xy}}{s_x s_y} = \dfrac{\displaystyle\sum_{i=1}^{n}(x_i - \overline{x})(y_i - \overline{y})}{\sqrt{\displaystyle\sum_{i=1}^{n}(x_i - \overline{x})^2}\sqrt{\displaystyle\sum_{i=1}^{n}(y_i - \overline{y})^2}}$

○ $-1 \leqq r \leqq 1$

○ 相関係数と相関の程度

　　1 に近い　$\Longrightarrow$　強い正の相関

　　0 に近い　$\Longrightarrow$　ほとんど相関がない

　　-1 に近い　$\Longrightarrow$　強い負の相関

● **回帰直線**

　　y の x への回帰直線の方程式を

　　　　$y = ax + b$

　　とおくとき

　　　　$a = \dfrac{s_{xy}}{s_x{}^2},\ b = \overline{y} - a\overline{x}$

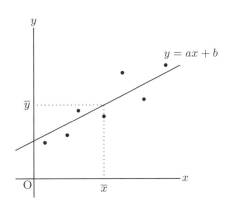

Basic

90 次の表は，あるクラスの学生 8 人の数学の小テストの得点 x と 英語の小テスト
の得点 y のデータである．x と y の相関係数を求めよ．また，散布図をかけ． → 教 p.44 問·1

学生	1	2	3	4	5	6	7	8
x	8	4	6	5	7	8	4	2
y	5	6	4	6	4	3	7	9

91 年代別に 2 名ずつ 10 名の男性を選び血圧を測定した．次の表は測定した男性
の年齢 x（単位 歳）と血圧 y（単位 mmHg）を表すデータである．x と y の相
関係数を求めよ．また，散布図をかけ． → 教 p.44 問·1

x	36	38	43	45	52	57	65	68	71	73
y	117	126	133	131	137	136	143	152	149	158

92 あるコンビニで気温 x（単位 ℃）に対するアイスの売上個数 y（単位 個）は次
の通りであった． → 教 p.47 問·2

x	0	5	10	15	20	25	30
y	2	4	7	15	23	28	33

(1) y の x への回帰直線の方程式を求めよ．

(2) 回帰直線を用いて，気温が 35 ℃ のときのアイスの売上個数を推定せよ．

93 次の表から，y の x への回帰直線の方程式を求めよ． → 教 p.47 問·3

x	0.8	2.7	6.1	4.6	7.3	1.5	2.3	3.2
y	11.1	13.1	18.0	17.0	19.3	12.0	14.1	14.8

94 次の表は，10 人の成人男性の身長 x（単位 cm）と使用している運動靴のサイ
ズ y（単位 cm）のデータである． → 教 p.47 問·3

x	164	175	179	169	181	179	168	170	172	166
y	24.5	26.5	28.5	26.5	30.0	30.5	26.0	25.0	27.0	26.5

(1) y の x への回帰直線の方程式を求めよ．

(2) 身長が 180 の成人男性の使用する運動靴のサイズを回帰直線を用いて推定
せよ．ただし，靴のサイズは 0.5 きざみで決められている．

Check

95 右の表は，変量 x, y について得られた
データである．表の空欄を埋め，次の問
いに答えよ．

x_i	y_i	x_i^2	y_i^2	$x_i y_i$
1	4			
10	9			
7	7			
6	8			
8	9			
9	8			
2	5			
3	7			
8	10			
7	6			
合計				

(1) 平均 $\overline{x}$, $\overline{y}$ を求めよ．

(2) 平均 $\overline{x^2}$, $\overline{y^2}$ および $\overline{xy}$ を求めよ．

(3) 標準偏差 s_x, s_y を求めよ．

(4) x と y の共分散 s_{xy} を求めよ．

(5) x と y の相関係数 r を求めよ．

96 ある定期試験における 5 人の学生の結果は次の通りであった．

	学生 A	学生 B	学生 C	学生 D	学生 E
数学の得点	50	50	50	50	60
電磁気学の得点	90	60	70	75	80

(1) 数学の得点の平均を求めよ．

(2) 数学と電磁気学の得点の相関係数を求めよ． （大阪大 改）

97 次の表は，10 人の学生の数学と英語の試験の成績である．数学と英語の成績に
相関関係があるか判断せよ．

数学	58	35	65	42	85	30	45	46	90	45
英語	60	50	50	60	70	42	60	50	98	60

（筑波大）

98 問題 95 のデータについて，次の問いに答えよ．

(1) y の x への回帰直線の方程式を求めよ．

(2) 散布図をかき，回帰直線を散布図にかき入れよ．

99 ある学校において，過去 5 年間のインフルエンザのワクチン接種率 x ％ と発病
率 y ％ について調べたところ，次の結果を得た．

x	55.2	77.4	86.8	75.2	89.7
y	7.4	2.9	0.8	2.3	0.3

(1) y の x への回帰直線の方程式を求めよ．

(2) 接種率が 85 ％ の場合，回帰直線を用いて発病率を推定せよ．

Step up

例題 a, b, c, d は定数で，$a > 0$，$c > 0$ とする．x, y を2つの変量とするとき

$$u = ax + b, \ v = cy + d$$

によって変量 u, v を定める．このとき，x, y の相関係数 r_{xy} と u, v の相関係数 r_{uv} について，等式 $r_{xy} = r_{uv}$ が成り立つことを証明せよ．

解 データの数を n とする．

$$s_{uv} = \frac{1}{n} \sum_{i=1}^{n} (u_i - \overline{u})(v_i - \overline{v})$$

$$= \frac{1}{n} \sum_{i=1}^{n} \left\{ (ax_i + b) - (a\overline{x} + b) \right\} \times \left\{ (cy_i + d) - (c\overline{y} + d) \right\}$$

$$= \frac{1}{n} \sum_{i=1}^{n} a(x_i - \overline{x}) \, c(y_i - \overline{y}) = acs_{xy}$$

一方，$a > 0$，$c > 0$ だから　$s_u = as_x$，$s_v = cs_y$

したがって　$r_{uv} = \dfrac{s_{uv}}{s_u s_v} = \dfrac{acs_{xy}}{acs_x s_y} = \dfrac{s_{xy}}{s_x s_y} = r_{xy}$ 　　　　//

100 次の表は，あるスポーツの選手10人の身長 x（単位 cm）と体重 y（単位 kg）を測定した結果である．$u = x - 180$，$v = y - 80$ の変換により，x, y の相関係数 r_{xy} を求めよ．

x	181.2	180.4	179.4	176.4	180.4	175.2	180.7	184.8	180.3	183.0
y	76.6	79.0	87.4	74.5	79.5	69.1	80.2	86.4	78.8	85.5

例題 y の x への回帰直線の方程式と同様にして，x の y への回帰直線 $x = cy + d$ が得られる．このとき，係数 c, d は次の式で与えられる．

$$c = \frac{s_{xy}}{s_y^{\,2}}, \ d = \overline{x} - c\overline{y}$$

この公式を用いて，中間試験の数学の得点 x と物理の得点 y から得られた次のデータについて，x の y への回帰直線の方程式を求めよ．

x	80	78	82	90	94	65	88	92	75	80
y	72	65	82	72	84	55	75	81	80	88

解 $\overline{x} = 82.4$，$\overline{y} = 75.4$，$\overline{xy} = 6259.7$，$\overline{y^2} = 5772.8$

これから　$s_y^{\,2} = \overline{y^2} - \overline{y}^2 = 87.64$，$s_{xy} = \overline{xy} - \overline{x}\,\overline{y} = 46.74$

したがって　$c = \dfrac{s_{xy}}{s_y^{\,2}} = 0.5333$，$d = \overline{x} - c\overline{y} = 42.19$

よって，x の y への回帰直線は　$x = 0.5333y + 42.19$ 　　　　//

●**注**…… y の x への回帰直線と x の y への回帰直線は，一般には逆関数の関係になっていないため，それぞれ求める必要がある．

101 次の表から，x の y への回帰直線の方程式を求めよ．また，y の x への回帰直線の方程式を求めよ．

x	50	48	68	81	96	90	65	75
y	390	498	400	360	320	340	410	330

例題 次の表は，1996 年から 2001 年のインターネットの世帯普及率（単位 %）を示したものである．年を x，普及率を y とおくとき，次の問いに答えよ．

年 (x)	1996	1997	1998	1999	2000	2001
普及率 (y)	3.3	6.4	11.0	19.1	34.0	60.5

(1) x, y の散布図をかき，相関係数 r_{xy} を求めよ．

(2) $z = \log_{10} y$ とおくとき，x, z の散布図をかき，相関係数 r_{xz} を求めよ．

解 (1) $\overline{x} = 1998.5$, $\overline{y} = 22.383$, $s_x{}^2 = 2.917$, $s_y{}^2 = 391.3$, $s_{xy} = 31.41$

これから，$r_{xy} = 0.9297$ が求められる．散布図は下の左図のようになる．

(2) z の値は次のようになる．

0.5185　0.8062　1.0414　1.2810　1.5315　1.7818

$\overline{z}$, $s_z{}^2$, s_{xz} を計算すると

$$\overline{z} = 1.16007, \quad s_z{}^2 = 0.1817, \quad s_{xz} = 0.7276$$

これから，$r_{xz} = 0.9996$ が求められる．散布図は下の右図のようになる．

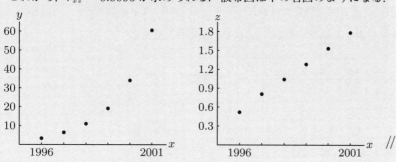

●**注**…… 上の例題では，x と y の間に相関があることは見られるが，直線的な関係ではない．y の対数をとることにより，直線的な関係になることがわかる．

102 次のデータ x, y について，散布図をかけ．また，$z = \log_{10} x$, $w = \log_{10} y$ とおくとき，z, w の散布図をかき，相関係数 r_{zw} を求めよ．

x	0.7	0.8	1.6	2.1	2.3	2.4
y	0.3	0.5	4.2	9.1	12.4	13.7

Plus

1——2次元データの相関表

2次元のデータ (x, y) について，x のデータを m 個の階級，y のデータを n 個の階級に分けるとき，データは右のような相関表で与えられる．

ただし，x_i, y_j は各階級の階級値，f_{ij} は各階級の度数である．また

$$f_{i\cdot} = \sum_{j=1}^{n} f_{ij}, \quad f_{\cdot j} = \sum_{i=1}^{m} f_{ij}$$

$$N = \sum_{i=1}^{m} f_{i\cdot} = \sum_{j=1}^{n} f_{\cdot j}$$

とおく．

x\\y	y_1	y_2	$\cdots$	y_j	$\cdots$	y_n	計
x_1	f_{11}	f_{12}	$\cdots$	f_{1j}	$\cdots$	f_{1n}	$f_{1\cdot}$
x_2	f_{21}	f_{22}	$\cdots$	f_{2j}	$\cdots$	f_{2n}	$f_{2\cdot}$
$\vdots$	$\vdots$	$\vdots$		$\vdots$		$\vdots$	$\vdots$
x_i	f_{i1}	f_{i2}	$\cdots$	f_{ij}	$\cdots$	f_{in}	$f_{i\cdot}$
$\vdots$	$\vdots$	$\vdots$		$\vdots$		$\vdots$	$\vdots$
x_m	f_{m1}	f_{m2}	$\cdots$	f_{mj}	$\cdots$	f_{mn}	$f_{m\cdot}$
計	$f_{\cdot 1}$	$f_{\cdot 2}$	$\cdots$	$f_{\cdot j}$	$\cdots$	$f_{\cdot n}$	N

このとき

$$v_x = {s_x}^2 = \frac{1}{N} \sum_{i=1}^{m} (x_i - \overline{x})^2 f_{i\cdot} = \frac{1}{N} \sum_{i=1}^{m} {x_i}^2 f_{i\cdot} - \overline{x}^2$$

$$v_y = {s_y}^2 = \frac{1}{N} \sum_{j=1}^{n} (y_j - \overline{y})^2 f_{\cdot j} = \frac{1}{N} \sum_{j=1}^{n} {y_j}^2 f_{\cdot j} - \overline{y}^2$$

さらに，x, y の共分散 s_{xy} を次のように定める．

$$s_{xy} = \frac{1}{N} \sum_{i=1}^{m} \sum_{j=1}^{n} (x_i - \overline{x})(y_j - \overline{y}) f_{ij} = \frac{1}{N} \sum_{i=1}^{m} \sum_{j=1}^{n} x_i y_j f_{ij} - \overline{x}\,\overline{y}$$

例題 次の表は，学生 100 人の数学と物理の試験について，数学の得点 x と物理の得点 y を 10 点刻みで集計した結果である．x, y の相関係数を求めよ．

x\\y	55	65	75	85	95	計
55	2	2	1			5
65	6	10	2	2		20
75		15	10	5	3	33
85		1	8	12	8	29
95			3	5	5	13
計	8	28	24	24	16	100

解 相関表から

$$\overline{x} = \frac{1}{100} \sum_{i=1}^{5} x_i f_{i\cdot} = 77.50, \quad \overline{y} = \frac{1}{100} \sum_{j=1}^{5} y_j f_{\cdot j} = 76.20,$$

$$\sum_{i=1}^{5} {x_i}^2 f_{i\cdot} = 612100, \quad \sum_{j=1}^{5} {y_j}^2 f_{\cdot j} = 595300, \quad \sum_{i=1}^{5} \sum_{j=1}^{5} x_i y_j f_{ij} = 599150$$

したがって

$$v_x = \frac{612100}{100} - (77.50)^2 = 114.75 \quad s_x = 10.71$$

$$v_y = \frac{595300}{100} - (76.20)^2 = 146.56 \quad s_y = 12.11$$

$$s_{xy} = \frac{599150}{100} - 10.71 \times 12.11 = 86$$

よって　$r_{xy} = \dfrac{s_{xy}}{s_x s_y} = 0.66$ ∥

103 次の表は，学生 104 人の数学と英語の試験について，数学の得点 x と英語の得点 y を 10 点刻みで集計した結果である．x, y の相関係数を求めよ．

x＼y	25	35	45	55	65	75	85	95	計
35	1	1		1					3
45		2	2	3	2				9
55			5	8	9	7			29
65		1	1	7	13	8	6		36
75				4	8	7	2	1	22
85					1		1	1	3
95								2	2
計	1	4	8	23	33	22	9	4	104

2 —— 順位相関係数

　2 次元のデータが，例えば右の表のように与えられているとする．散布図をかいてみると，全体としては強い正の相関が見られるが，$(40, 95)$ が大きく外れており，その影響によって相関係数が低くなる．実際

$$r \fallingdotseq 0.65$$

である．

　このような場合に，昇順に並べたときの順位だけに着目して相関係数を求めることがある．これを**順位相関係数**といい，ρ で表す．

　右の表は，最初のデータから作られた順位 r_x, r_y のデータである．

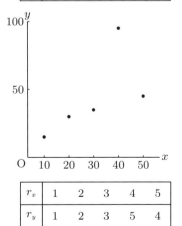

x	10	20	30	40	50
y	15	30	35	95	45

r_x	1	2	3	4	5
r_y	1	2	3	5	4

　x, y のいずれにも同順位のものがない場合には，順位相関係数 ρ を簡単に計算する方法がある．いま，x の順位を $x_1, x_2, \cdots, x_n$，y の順位を $y_1, y_2, \cdots, y_n$ とおくと，$x_1, x_2, \cdots, x_n$ には，$1, 2, \cdots, n$ がちょうど 1 つずつ現れるから

$$\overline{x} = \frac{1}{n} \sum_{k=1}^{n} k = \frac{1}{n} \frac{n(n+1)}{2} = \frac{n+1}{2}$$

$$s_x{}^2 = \frac{1}{n} \sum_{k=1}^{n} k^2 - \overline{x}^2 = \frac{1}{n} \frac{n(n+1)(2n+1)}{6} - \left(\frac{n+1}{2}\right)^2$$

$$= \frac{(n+1)(n-1)}{12}$$

y の順位についても同様に，$\overline{y} = \overline{x} = \dfrac{n+1}{2}$，$s_y{}^2 = s_x{}^2 = \dfrac{(n+1)(n-1)}{12}$ である．また，共分散 s_{xy} は

$$s_{xy} = \frac{1}{n} \sum_{i=1}^{n} x_i y_i - \overline{x}\,\overline{y}$$

$$= \frac{1}{2n} \sum_{i=1}^{n} \left(x_i{}^2 + y_i{}^2 - (x_i - y_i)^2 \right) - \overline{x}^2$$

$$= \frac{1}{n} \sum_{i=1}^{n} x_i{}^2 - \overline{x}^2 - \frac{1}{2n} \sum_{i=1}^{n} (x_i - y_i)^2$$

$$= s_x{}^2 - \frac{1}{2n} \sum_{i=1}^{n} (x_i - y_i)^2$$

したがって，順位の差 $x_i - y_i$ を d_i とおくと

$$\rho = \frac{s_{xy}}{s_x s_y} = \frac{s_{xy}}{s_x{}^2} = 1 - \frac{\dfrac{1}{2n} \displaystyle\sum_{i=1}^{n} d_i{}^2}{\dfrac{1}{12}(n+1)(n-1)}$$

よって，次の公式が得られる．

$$\rho = 1 - \frac{6D}{n(n+1)(n-1)} \qquad \left(D = \sum_{i=1}^{n} d_i{}^2 \right) \tag{1}$$

(1) を最初の例に適用すると

$$D = 0^2 + 0^2 + 0^2 + 1^2 + 1^2 = 2$$

$$\rho = 1 - \frac{6 \cdot 2}{5 \cdot 6 \cdot 4} = 0.9$$

となる．

104 30 ページの問題 91 の年齢と血圧のデータ（$r = 0.955$）について，順位相関係数 ρ を求めよ．

3──補章関連

四分位数と箱ひげ図

→ 教 p.118

データを昇順に並べ，4 等分割するとき，左から第 1，第 2，第 3 分割点をそれぞれ第 1 四分位数，第 2 四分位数（中央値），第 3 四分位数という．同じ種類の複数のデータは，四分位数を用いた箱ひげ図を並べて表すことで比較することができる．

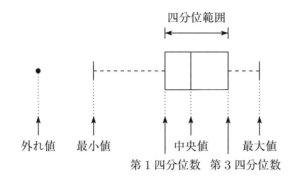

外れ値　最小値　　　中央値　　　最大値

第 1 四分位数　第 3 四分位数

例題　次の表は，あるクラス 16 人の 2 つの科目 A，B の得点データである．

| A | 75 | 78 | 52 | 88 | 53 | 65 | 80 | 68 | 80 | 100 | 71 | 87 | 81 | 84 | 79 | 60 |
| B | 78 | 81 | 36 | 97 | 66 | 66 | 88 | 83 | 83 | 97 | 56 | 86 | 77 | 84 | 83 | 70 |

(1) 各科目の得点の四分位数および四分位範囲を求めよ．

(2) 各科目の得点の箱ひげ図を作り，並べて表せ．

解　データを昇順に並べると次のようになる．

A　52 53 60 65 | 68 71 75 78 | 79 80 80 81 | 84 87 88 100

B　36 56 66 66 | 70 77 78 81 | 83 83 83 84 | 86 88 97 97

(1) 科目 A について

第 1 四分位数は　$\dfrac{65+68}{2}=66.5$　中央値は　$\dfrac{78+79}{2}=78.5$

第 3 四分位数は　$\dfrac{81+84}{2}=82.5$　範囲は　$82.5-66.5=16$

同様に，科目 B について，順に　68　82　85　17

(2)

A

B

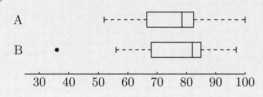

```
30  40  50  60  70  80  90  100
```

//

105 次の表は，T 市の 1991 年と 2021 年の 1 月から 12 月までの月ごとの平均気温
（単位 °C）である．

年＼月	1	2	3	4	5	6	7	8	9	10	11	12
1991	4.4	5.3	9.9	13.9	17.5	20.2	26.3	26.2	21.8	17.6	10.7	7.6
2021	5.1	7.0	8.1	14.5	18.5	22.8	27.3	27.5	25.1	19.5	14.9	7.5

(1) 各年の平均気温の四分位数および四分位範囲を求めよ．

(2) 各年の平均気温の箱ひげ図を作り，並べて表せ．

106 次のデータはある河川の2地点A, Bにおける過去10年間のCOD（化学的酸素要求量）検査の測定平均値（単位 mg/l）である.

CODの値は数値が小さいほど水質はよいとされる.

A	1.6	4.2	3.1	4.1	3.8	2.9	2.2	3.3	3.7	4.3
B	2.1	13.4	3.0	3.2	2.5	3.1	2.5	3.7	5.3	3.3

(1) A, Bにおける平均を求めよ.

(2) A, Bにおける範囲, 分散および標準偏差を求めよ.

(3) A, Bにおける四分位数および四分位範囲を求めて, 箱ひげ図を作れ.

4───いろいろな問題

107 ある道路で歩行者の歩行速度（単位 m/s）の調査を行ったところ, 次の結果を得た.

	調査した人数	歩行速度の平均	歩行速度の分散
60歳未満	9	$\overline{x} = 1.8$	$v_x = 0.2$
60歳以上	18	$\overline{y} = 0.8$	$v_y = 0.1$
調査対象者全体	27	$\overline{z}$	v_z

(1) 調査対象者全体の歩行速度の平均 $\overline{z}$ を求めよ.

(2) 調査対象者全体の歩行速度の分散 v_z を求めよ.　　　（お茶の水女子大 改）

108 2つの変量 x, y について, 平均, 標準偏差, 共分散はそれぞれ

$$\overline{x} = 8.5, \overline{y} = 6.2, s_x = 3.1, s_y = 2.5, s_{xy} = 4.9$$

である. 変量 x, y を使ってできる新しい変量 u, v を

$$u = x + 2, \ v = 3y + 1$$

で定めるとき, 次の問いに答えよ.

(1) u, v の平均 $\overline{u}$, $\overline{v}$ を求めよ.

(2) u, v の標準偏差 s_u, s_v を求めよ.

(3) u, v の共分散 s_{uv} を求めよ.

(4) u, v の相関係数 r_{uv} を求めよ.

109 変量 x, y の相関係数を r_{xy} で表すとき, y の x への回帰直線の方程式は

s_{xy} と r_{xy} の関係を考えよ.

$$\frac{y - \overline{y}}{s_y} = r_{xy} \frac{x - \overline{x}}{s_x}$$

で表されることを証明せよ.

3章 確率分布

1 確率変数と確率分布

● 確率変数と確率分布

	離散型	連続型
確率分布	$P(X = x_i) = p_i$	$P(a \leqq X \leqq b) = \int_a^b f(x)\,dx$
平均 $E[X]$	$\displaystyle\sum_{i=1}^n x_i p_i$	$\displaystyle\int_{-\infty}^{\infty} x f(x)\,dx$
分散 $V[X]$	$\displaystyle\sum_{i=1}^n (x_i - \mu)^2 p_i$	$\displaystyle\int_{-\infty}^{\infty} (x - \mu)^2 f(x)\,dx$

● 平均と分散の性質

$$E[aX + b] = aE[X] + b \qquad V[aX + b] = a^2 V[X]$$

$$V[X] = E[X^2] - (E[X])^2$$

● 主な離散型確率分布

二項分布 $B(n,\,p)$　　$P(X = k) = {}_n\mathrm{C}_k\, p^k q^{n-k}$　　　$(k = 0, 1, 2, \cdots, n)$

　　　　　　　　　　平均 np，分散 npq

ポアソン分布 $P_o(\lambda)$　$P(X = k) = e^{-\lambda} \dfrac{\lambda^k}{k!}$　　　$(k = 0, 1, 2, \cdots)$

　　　　　　　　　　平均 λ，分散 λ

● 確率密度関数と分布関数

$$\int_{-\infty}^{\infty} f(x)\,dx = 1 \qquad 分布関数\ \ F(x) = \int_{-\infty}^x f(x)\,dx = P(X \leqq x)$$

● 正規分布 $N(\mu,\ \sigma^2)$

∘ $f(x) = \dfrac{1}{\sqrt{2\pi}\,\sigma} \exp\left(-\dfrac{(x-\mu)^2}{2\sigma^2}\right)$　平均 μ，分散 σ^2

∘ X は $N(\mu,\ \sigma^2)$ に従う

　　$\Longrightarrow$　X の標準化 $Z = \dfrac{X - \mu}{\sigma}$ は標準正規分布 $N(0,\,1)$ に従う．

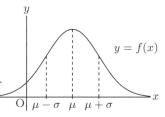

● 二項分布の正規分布による近似

X が $B(n,\,p)$，Z が $N(0,\,1)$ に従うとき，n が十分に大きいならば

$$P(a \leqq X \leqq b) \fallingdotseq P\left(\frac{a - 0.5 - np}{\sqrt{npq}} \leqq Z \leqq \frac{b + 0.5 - np}{\sqrt{npq}}\right)$$

Basic

110 次の確率変数 X, Y の確率分布表を作れ.　→ 教 p.53 問・1

(1) 袋の中に 2, 3, 5, 7 の数字の書かれた玉がそれぞれ 3 個, 1 個, 1 個, 2 個入っている. この袋から 1 個の玉を取り出すとき, 玉の数字を X とする.

(2) 2 個のさいころを投げるとき, 5 以上の目の出る個数を Y とする.

111 問題 110 の確率変数 X, Y の平均を求めよ.　→ 教 p.53 問・2

112 問題 110 の確率変数 Y について, $Y + 1$, Y^2 の平均を求めよ.　→ 教 p.54 問・3

113 確率変数 X の平均が 1 であるとき, $E[2X + 3]$ を求めよ.　→ 教 p.54 問・4

114 1 個のさいころを投げるときの出る目を X として, 次の問いに答えよ.　→ 教 p.55 問・5

(1) 定義に従って, $V[X]$ を求めよ.

(2) 公式 $V[X] = E[X^2] - (E[X])^2$ を用いて, $V[X]$ を求めよ.

教科書 p.53 問 2 の結果を用いよ.

115 X の確率分布が右の表で与えられているとき, X の平均, 分散, 標準偏差を求めよ.　→ 教 p.55 問・6

k	1	2	3	計
$P(X=k)$	$\frac{1}{2}$	$\frac{1}{3}$	$\frac{1}{6}$	1

116 $E[X] = 3$, $V[X] = 2$ のとき, $4X - 5$ の平均と分散を求めよ.　→ 教 p.55 問・7

117 確率変数 X について, $E[X] = 8$, $V[X] = 3$ であるとする. 確率変数 Z を $Z = \dfrac{X - 8}{\sqrt{3}}$ で定めるとき, Z の平均と分散を求めよ.　→ 教 p.55 問・8

118 赤玉 2 個と白玉 3 個が入っている袋の中から, 1 個ずつ 4 回復元抽出するとき, 赤玉の出る回数を X とする. X はどのような確率分布に従うか. また, 確率分布表を作れ.　→ 教 p.57 問・9

119 52 枚のトランプから 1 枚ずつ 3 回復元抽出するとき, ハートの出る回数を X とする. X はどのような確率分布に従うか. また, 確率分布表を作れ.　→ 教 p.57 問・10

120 1 個のさいころを 180 回投げるとき, 1 の目の出る回数の平均, 分散, 標準偏差を求めよ.　→ 教 p.57 問・11

121 10 本のくじの中に当たりくじが 3 本含まれている. このくじの中から 1 本ずつ 25 回復元抽出するとき, 当たりくじを引く回数の平均, 分散, 標準偏差を求めよ.　→ 教 p.57 問・12

122 ある店には 1 時間に平均 3 人の客が来るという. 1 時間の来店客数 X がポアソン分布に従うものとして, X が 4 以上である確率を求めよ.　→ 教 p.59 問・13

123 あるピッチングマシンでは，確率 0.02 でストライクゾーンからはずれるという．　→ 教 p.60 問・14

このマシンで 100 球を投げるとき，ストライクゾーンからはずれる球数が 2 以下である確率を求めよ．

124 ある灯台の閃光は 8 秒毎に 1 回と定められている．任意に灯台を見始めたとき　→ 教 p.63 問・15

から，次に閃光するまでの秒数を X とする．X の確率密度関数を求め，そのグラフをかけ．

125 X の確率密度関数 $f(x)$ が　→ 教 p.64 問・16

$$f(x) = \begin{cases} kx^2 & (-1 \leqq x \leqq 2 \text{ のとき}) \\ 0 & (x < -1,\ x > 2 \text{ のとき}) \end{cases}$$

で与えられるとき，定数 k の値を定め，次の確率の値を求めよ．

(1) $P(0 \leqq X \leqq 1)$　　　(2) $P(1 \leqq X \leqq 3)$　　　(3) $P(-2 \leqq X \leqq 2)$

126 X の確率密度関数 $f(x)$ が　→ 教 p.66 問・17

$$f(x) = \begin{cases} 3x^2 & (0 \leqq x \leqq 1 \text{ のとき}) \\ 0 & (x < 0,\ x > 1 \text{ のとき}) \end{cases}$$

で与えられるとき，X の平均と分散を求めよ．

127 区間 $[1,\ 4]$ 上の一様分布に従う X について，X の平均と分散を求めよ．　→ 教 p.66 問・18

128 Z が標準正規分布に従うとき，次の確率の値を求めよ．　→ 教 p.68 問・19

(1) $P(Z \geqq 0.73)$　　　　　　　(2) $P(Z \geqq -1.92)$

(3) $P(1.49 \leqq Z \leqq 2.81)$　　　(4) $P(-0.65 \leqq Z \leqq 2.1)$

129 X が $N(13,\ 10^2)$ に従う確率変数のとき，次の確率の値を求めよ．　→ 教 p.70 問・20

(1) $P(X \leqq 18.6)$　　　　　　　(2) $P(X \leqq 0)$

(3) $P(6 \leqq X \leqq 20)$　　　　　(4) $P(1.5 \leqq X \leqq 10.7)$

130 18 歳の女子の身長 X（単位 cm）は $N(159.0,\ 5.7^2)$ に従うという．このとき，　→ 教 p.70 問・21

18 歳の女子 1000 人のうち身長が 165cm 以上の者は何人いると考えられるか．

131 ある全国模擬試験の得点は $N(620,\ 85^2)$ に従っているという．上位 5％ 以内に　→ 教 p.70 問・22

入るには，何点以上をとっていなければならないか．

132 1 つのさいころを 900 回投げるとき，1 の目の出る回数が 145 回以上 155 回以下である確率の近似値を求めよ．　→ 教 p.72 問・23

133 あるバスケットボール選手のフリースロー成功率は 80％ であるという．この選　→ 教 p.72 問・24

手が 100 回のフリースローで 85 回以上成功する確率の近似値を求めよ．

Check

134 7本のくじの中に当たりくじが3本含まれている. このくじの中から1本ずつ3回非復元抽出するとき, 当たりくじを引く回数を X とする. 次の問いに答えよ.

(1) X の確率分布表を作れ.

(2) X の平均と分散を求めよ.

(3) $7X + 1$ の平均と分散を求めよ.

135 1個のさいころを4回投げるとき, 3以上の目の出る回数を X とする. X はどのような確率分布に従うか. また, 確率分布表を作れ.

136 52枚のトランプから1枚ずつ65回復元抽出するとき, 絵札の出る回数の平均, 分散, 標準偏差を求めよ.

137 ある機械が故障する確率は, 過去の経験から1回の使用につき 0.008 であることがわかっている. この機械を500回使用するとき, 3回以上故障する確率をポアソン分布で近似して求めよ.

138 あるフェリーは毎時0分と30分に港を出航する. 時刻表を知らない人が, 港に到着してから出航するまでに待つ時間を X 分とする. X の確率密度関数を求め, そのグラフをかけ. また, X の平均と分散を求めよ. ただし, 出航の10分前からは乗船することができない.

139 X の確率密度関数 $f(x)$ が

$$f(x) = \begin{cases} k(2x - x^2) & (0 \leqq x \leqq 2 \text{ のとき}) \\ 0 & (x < 0, \ x > 2 \text{ のとき}) \end{cases}$$

で与えられるとき, 次の問いに答えよ.

(1) 定数 k の値を定めよ.

(2) $P\left(\dfrac{1}{2} \leqq X \leqq 3\right)$ の値を求めよ.

(3) X の平均と分散を求めよ.

140 定員が230人の入学試験において, 全受験生600人の得点は $N(351, 42^2)$ に従っているという. このとき, 次の問いに答えよ.

(1) 上位230人に入るためには, およそ何点以上をとっていなければならないか.

(2) 380点とった受験生の順位は, およそ何位か.

141 表の出る確率が $\dfrac{4}{9}$ であるコインを180回投げるとき, 表の出る回数が70回以上85回以下である確率の近似値を求めよ.

Step up

例題 1 から 7 までの数字が 1 つずつ書かれた玉が入っている袋から同時に 3 個の玉を取り出すとき，書かれている数字の最小値を X とする．次の問いに答えよ．

(1) X の確率分布を求めよ．また，確率分布表を作れ．

(2) X の期待値を求めよ．

解 (1) X のとり得る値は　$X = 1,\ 2,\ 3,\ 4,\ 5$

$X = k$ となるのは，k の数字が書かれた玉 1 個と $k+1$ 以上の数字が書かれた玉 2 個を取り出す場合だから

$$P(X = k) = \frac{1 \cdot {}_{7-k}C_2}{{}_7C_3} = \frac{(7-k)(6-k)}{70} \quad (k = 1,\ 2,\ \cdots,\ 5)$$

k	1	2	3	4	5	計
$P(X = k)$	$\dfrac{15}{35}$	$\dfrac{10}{35}$	$\dfrac{6}{35}$	$\dfrac{3}{35}$	$\dfrac{1}{35}$	1

(2) $\displaystyle E[X] = \sum_{k=1}^{5} k \cdot \frac{(7-k)(6-k)}{70}$

$\displaystyle = 1 \cdot \frac{15}{35} + 2 \cdot \frac{10}{35} + 3 \cdot \frac{6}{35} + 4 \cdot \frac{3}{35} + 5 \cdot \frac{1}{35} = 2$　　//

別解 (1) $X = k$ となる確率は，$k = 5$ のとき　$P(X = 5) = \dfrac{1}{{}_7C_3} = \dfrac{1}{35}$

$k \leqq 4$ のとき

$$P(X = k) = P(X \geqq k) - P(X \geqq k+1)$$
$$= \frac{{}_{7-(k-1)}C_3}{{}_7C_3} - \frac{{}_{7-k}C_3}{{}_7C_3}$$
$$= \frac{(8-k)(7-k)(6-k)}{7 \cdot 6 \cdot 5} - \frac{(7-k)(6-k)(5-k)}{7 \cdot 6 \cdot 5}$$
$$= \frac{(7-k)(6-k)\{(8-k) - (5-k)\}}{7 \cdot 6 \cdot 5}$$
$$= \frac{(7-k)(6-k)}{70}$$

この式は $k = 5$ の場合も含んでいる．

142 箱の中に 1 から 8 までの整数を記入した 8 枚のカードが入っている．この箱から任意にカードを 1 枚取り出し，その数字を調べてからもとの箱に戻す．これを 3 回繰り返し，取り出したカードの数字の最大値を X とする．

(1) $X \leqq 4$ となる確率を求めよ．

(2) $k = 1,\ 2,\ 3,\ \cdots,\ 8$ として，$X = k$ となる確率を求めよ．

(3) 次の等式を参照して，X の期待値を求めよ．

$$1^3 + 2^3 + 3^3 + \cdots + n^3 = \left\{ \frac{1}{2}n(n+1) \right\}^2$$　　（三重大 改）

例題 X の確率密度関数が

$$f(x) = \begin{cases} 1 - |x| & (|x| \leqq 1 \text{ のとき}) \\ 0 & (|x| > 1 \text{ のとき}) \end{cases}$$

で与えられるとき，X の分布関数 $F(x)$ を求めよ．

．．

解 $F(x) = P(X \leqq x) = \displaystyle\int_{-\infty}^{x} f(x)\,dx$ である.

積分の上端の値 x について場合分けして求める.

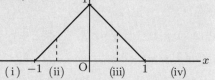

(ⅰ) $x < -1$ のとき

$$F(x) = \int_{-\infty}^{x} 0\,dx = 0$$

(ⅱ) $-1 \leqq x < 0$ のとき

$$F(x) = \int_{-\infty}^{x} f(x)\,dx = \int_{-\infty}^{-1} 0\,dx + \int_{-1}^{x} (1 - |x|)\,dx$$

$$= \int_{-1}^{x} (1 + x)\,dx = \frac{x^2}{2} + x + \frac{1}{2} = \frac{1}{2}(1 + 2x + x^2)$$

(ⅲ) $0 \leqq x < 1$ のとき

$$F(x) = \int_{-\infty}^{x} f(x)\,dx = \int_{-\infty}^{-1} 0\,dx + \int_{-1}^{x} (1 - |x|)\,dx$$

$$= \int_{-1}^{0} (1 + x)\,dx + \int_{0}^{x} (1 - x)\,dx$$

$$= \frac{1}{2} + x - \frac{x^2}{2} = \frac{1}{2}(1 + 2x - x^2)$$

(ⅳ) $x \geqq 1$ のとき

$$F(x) = \int_{-\infty}^{x} f(x)\,dx = \int_{-\infty}^{-1} 0\,dx + \int_{-1}^{1} (1 - |x|)\,dx + \int_{1}^{x} 0\,dx = 1$$

よって

$$F(x) = \begin{cases} 0 & (x < -1 \text{ のとき}) \\ \dfrac{1}{2}(1 + 2x + x^2) & (-1 \leqq x < 0 \text{ のとき}) \\ \dfrac{1}{2}(1 + 2x - x^2) & (0 \leqq x < 1 \text{ のとき}) \\ 1 & (x \geqq 1 \text{ のとき}) \end{cases}$$

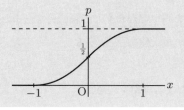

//

143 X の確率密度関数が $f(x) = \dfrac{1}{2} e^{-|x|}$ で与えられるとき，X の平均と分散を求めよ．また，X の分布関数 $F(x)$ を求めよ． 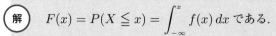 $x \leqq 0,\ x > 0$ に分けよ.

144 次の関数 $f(x)$ を確率密度関数にもつ確率変数 X がある.

$$f(x) = \begin{cases} c \sin x & (0 \leqq x \leqq \pi \text{ のとき}) \\ 0 & (x < 0,\ x > \pi \text{ のとき}) \end{cases}$$

このとき, 次の問いに答えよ.

(1) 定数 c の値を定めよ.

(2) X の分布関数 $F(x)$ を求めよ.

(3) X の平均を求めよ.

(4) X の分散を求めよ. （三重大）

例題 離散型確率変数 X の平均が μ, 標準偏差が σ のとき, 任意の定数 $k > 0$ に対して, 次の不等式（**チェビシェフの不等式**）が成り立つことを証明せよ.

$$P(|X - \mu| \geqq k\sigma) \leqq \frac{1}{k^2}$$

解 X の確率分布を $P(X = x_i) = p_i\,(i = 1,\ 2,\ \cdots,\ n)$ とすると

$$\sigma^2 = \sum_{i=1}^{n}(x_i - \mu)^2 p_i = \sum_{|x_i - \mu| \geqq k\sigma}(x_i - \mu)^2 p_i + \sum_{|x_i - \mu| < k\sigma}(x_i - \mu)^2 p_i$$

ただし, $\displaystyle\sum_{|x_i - \mu| \geqq k\sigma}$, $\displaystyle\sum_{|x_i - \mu| < k\sigma}$ はそれぞれ $|x_i - \mu| \geqq k\sigma$, $|x_i - \mu| < k\sigma$ を満たす i についての和を表す. 各項は正だから

$$\sigma^2 \geqq \sum_{|x_i - \mu| \geqq k\sigma}(x_i - \mu)^2 p_i \geqq \sum_{|x_i - \mu| \geqq k\sigma}(k\sigma)^2 p_i = k^2 \sigma^2 \sum_{|x_i - \mu| \geqq k\sigma} p_i$$

$$= k^2 \sigma^2 P(|X - \mu| \geqq k\sigma)$$

$$\therefore\ \frac{1}{k^2} \geqq P(|X - \mu| \geqq k\sigma) \qquad //$$

●注…チェビシェフの不等式は, $k\sigma = s$ とおくことによって

$$P(|X - \mu| \geqq s) \leqq \frac{\sigma^2}{s^2}$$

と表すことができる. また, X が連続型の確率変数のときにも成り立つ.

145 離散型確率変数 X の平均が μ, 標準偏差が σ のとき, 任意の定数 $s > 0$ に対して, 次の不等式が成り立つことを証明せよ.

$$P(|X| \geqq s) \leqq \frac{\mu^2 + \sigma^2}{s^2}$$

146 連続な確率変数 X の確率密度関数 $p(x)$ が次の式で与えられている.

$$p(x) = \begin{cases} 0 & (x \leqq -1 \text{ のとき}) \\ \dfrac{2(1 + x)}{3} & (-1 \leqq x \leqq 0 \text{ のとき}) \\ \dfrac{2 - x}{3} & (0 \leqq x \leqq 2 \text{ のとき}) \\ 0 & (2 \leqq x \text{ のとき}) \end{cases}$$

(1) この確率分布に対して，平均 μ と分散 σ^2 を求めよ．

(2) 不等式 $P(|X - \mu| \geqq 1) \leqq \sigma^2$ がこの確率密度関数に対して成立することを証明せよ．

(山梨大)

例題 確率変数 X が正規分布 $N(20, \sigma^2)$ に従っているとき，$|X - 20| \leqq 0.5$ となる確率が 0.95 以上となるような標準偏差 σ の範囲を求めよ．

解 $Z = \dfrac{X - 20}{\sigma}$ とおくと，Z は $N(0, 1)$ に従う．

$$P(|X - 20| \leqq 0.5) = P\left(|Z| \leqq \frac{0.5}{\sigma}\right) \geqq 0.95$$

すなわち

$$P\left(Z \geqq \frac{0.5}{\sigma}\right) \leqq 0.025$$

を満たす σ の範囲を求めればよい．逆正規分布表より

$$\frac{0.5}{\sigma} \geqq 1.96 \quad \therefore \quad \sigma \leqq 0.255$$

147 ある会社のペットボトル飲料水の容量表示が $500\,\mathrm{mL}$ と印字されている．しかしながら，工場での注入の際に製品ごとに変動が生じる．含量は，平均 $\mu = 505.0\,\mathrm{mL}$，標準偏差 $\sigma = 2.0\,\mathrm{mL}$ の正規分布に従うことが分かっている．次の問いに答えよ．

(1) 含量が表示である $500\,\mathrm{mL}$ を下回る製品の割合を求めよ．

(2) $500\,\mathrm{mL}$ を下回る製品の割合を 0.3% 以下にするためには注入機械の精度である標準偏差 σ をどれくらいにする必要があるか答えよ．

(お茶の水女子大)

148 ある健康改善プログラムの参加者の最高血圧（mmHg）は，実施前の測定において平均値 $\mu = 125.0$，標準偏差 $\sigma = 10.0$ の正規分布に従うことがわかっている．このプログラムでは，最高血圧の目標値を 130.0（mmHg）と設定している．次の問いに答えよ．

(1) 参加者のうち，実施前に目標値を超過している人の割合を求めよ．

(2) プログラム実施後に最高血圧を測定したところ，目標値を超過する人の割合が 5% 以下になった．このとき，最高血圧の平均値はいくら未満であるか求めよ．ただし，プログラム実施後の最高血圧も正規分布に従い，標準偏差は変わらず $\sigma = 10.0$ とする．

(お茶の水女子大)

② 統計量と標本分布

まとめ

● **平均と分散の性質**

$$E[aX_1 + bX_2 + c] = aE[X_1] + bE[X_2] + c$$

X_1, X_2 が互いに独立であるならば

$$E[X_1 X_2] = E[X_1]E[X_2] \qquad V[aX_1 + bX_2] = a^2 V[X_1] + b^2 V[X_2]$$

● **統計量**　無作為標本 X_1, X_2, $\cdots$, X_n の関数

標本平均　$\overline{X} = \dfrac{1}{n}\displaystyle\sum_{i=1}^{n} X_i$

標本分散　$S^2 = \dfrac{1}{n}\displaystyle\sum_{i=1}^{n}(X_i - \overline{X})^2 = \dfrac{1}{n}\displaystyle\sum_{i=1}^{n} X_i^2 - \overline{X}^2$

不偏分散　$U^2 = \dfrac{1}{n-1}\displaystyle\sum_{i=1}^{n}(X_i - \overline{X})^2 = \dfrac{n}{n-1}S^2$

● **標本平均の平均と分散**

$$E[\overline{X}] = \mu \qquad V[\overline{X}] = \dfrac{\sigma^2}{n}$$

● **正規母集団 $N(\mu,\ \sigma^2)$ の標本分布**

大きさ n の無作為標本の標本平均 $\overline{X}$ は $N\left(\mu,\ \dfrac{\sigma^2}{n}\right)$ に従う.

● **中心極限定理**

母平均 μ, 母分散 σ^2 の母集団から大きさ n の無作為標本を抽出

$\implies$ n が大きいとき, $\overline{X}$ は近似的に正規分布 $N\left(\mu,\ \dfrac{\sigma^2}{n}\right)$ に従う.

● **χ^2 分布**

○ 上側 α 点 $\chi_n^2(\alpha)$ $\iff$ $P\big(X \geqq \chi_n^2(\alpha)\big) = \alpha$

○ 正規母集団 $N(\mu,\ \sigma^2)$ から大きさ n の無作為標本を抽出

$\implies$ $\dfrac{(n-1)U^2}{\sigma^2}$ は自由度 $n-1$ の χ^2 分布に従う.

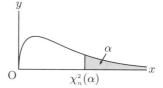

● **t 分布**

○ 上側 α 点 $t_n(\alpha)$ $\iff$ $P\big(T \geqq t_n(\alpha)\big) = \alpha$

○ 正規母集団 $N(\mu,\ \sigma^2)$ から大きさ n の無作為標本を抽出

$\implies$ $\dfrac{\overline{X} - \mu}{\sqrt{U^2/n}}$ は自由度 $n-1$ の t 分布に従う.

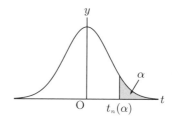

Basic

149 袋の中に 0, 1, 2 の数字の書かれた玉が 1 個ずつ入っている．この袋の中から 1 個ずつ復元抽出するとき，1 回目に出る数を X_1，2 回目に出る数を X_2 とする．$X_1 + X_2$ のとり得る値を求めよ．また，$X_1 + X_2$ の確率分布表を作れ． → 教 p.75 問·1

150 問題 149 で非復元抽出とする．このとき，$P(X_1 = 0)$，$P(X_2 = 1)$ および $P(X_1 = 0, X_2 = 1)$ を求めよ．また，X_1，X_2 は互いに独立であるかを調べよ． → 教 p.76 問·2

151 赤玉 3 個，白玉 2 個が入っている袋の中から同時に 2 個の玉を取り出し戻すことを 2 回行う．1 回目，2 回目に現れる赤玉の個数をそれぞれ X_1，X_2 とするとき，次の問いに答えよ． → 教 p.76 問·3

　(1) X_1 の確率分布表を作れ．　　　　(2) $\dfrac{X_1 + X_2}{2}$，$X_1 X_2$ の平均を求めよ．

152 連続型確率変数 X_1，X_2 がそれぞれ正規分布 $N\left(\dfrac{1}{3},\ 1\right)$，$N(2,\ 3)$ に従うとき，$\dfrac{X_1 + X_2}{2}$ の平均を求めよ． → 教 p.76 問·4

153 離散型確率変数 X_1，X_2 は互いに独立で，それぞれポアソン分布 $P_o(\lambda_1)$，$P_o(\lambda_2)$ に従うとき，$X_1 + X_2$ の平均と分散を求めよ． → 教 p.77 問·5

154 1, 2, 3, 4, 5 の数字が 1 つずつ書かれたカードから 1 枚ずつ 50 回復元抽出する．取り出すカードの数字の平均を $\overline{X}$ とするとき，$\overline{X}$ の平均と分散を求めよ． → 教 p.81 問·6

155 正規母集団 $N(12,\ 5)$ から大きさ 20 の標本を無作為抽出するとき，$\overline{X} \geqq 12.8$ となる確率を求めよ． → 教 p.82 問·7

156 ある工業製品の重量（単位 g）の平均 μ，分散 σ^2 はそれぞれ 23.4, 4.35 であることが知られている．この工業製品から 100 個の標本を抽出するとき，標本平均 $\overline{X}$ が 23.0 より小さくなる確率を求めよ． → 教 p.82 問·8

157 X が自由度 8 の χ^2 分布に従うとき，次の確率を求めよ． → 教 p.83 問·9

　(1) $P(X \geqq 17)$　　　　　　　　(2) $P(X \leqq 4.2)$

158 正規母集団 $N(\mu,\ 9)$ から抽出した大きさ 25 の無作為標本の不偏分散 U^2 について，確率 $P(U^2 \geqq 15)$ を求めよ． → 教 p.84 問·10

159 T_1，T_2 がそれぞれ自由度 7, 16 の t 分布に従うとき，次の確率を求めよ． → 教 p.85 問·11

　(1) $P(T_1 \geqq 3.1)$　　　　　　　(2) $P(T_2 \geqq 1.9)$

160 T_1，T_2 がそれぞれ自由度 10, 30 の t 分布，Z が標準正規分布に従うとき，確率 $P(T_1 \geqq 2.3)$，$P(T_2 \geqq 2.3)$，$P(Z \geqq 2.3)$ を求めよ． → 教 p.85 問·12

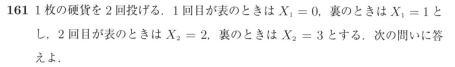

161 1 枚の硬貨を 2 回投げる. 1 回目が表のときは $X_1 = 0$, 裏のときは $X_1 = 1$ と
し, 2 回目が表のときは $X_2 = 2$, 裏のときは $X_2 = 3$ とする. 次の問いに答
えよ.

(1) $X_1 X_2$ の確率分布表を作れ.

(2) $X_1 X_2$ の平均と分散を求めよ.

162 1, 2, 3 の数字が 1 つずつ書かれたカードから 1 枚ずつ 2 回復元抽出する. 1 回
目の数字を X_1, 1 回目と 2 回目の数字の和を X_2 とする. 次の問いに答えよ.

(1) $P(X_1 = 1)$, $P(X_2 = 4)$ および $P(X_1 = 1, X_2 = 4)$ を求めよ.

(2) $P(X_1 = 2)$, $P(X_2 = 3)$ および $P(X_1 = 2, X_2 = 3)$ を求めよ.

(3) X_1, X_2 は互いに独立であるかを調べよ.

163 1 つのさいころを 2 回投げる. 1 回目と 2 回目に出る目の数をそれぞれ 4 で割っ
たときの余りを X_1, X_2 とする. 次の問いに答えよ.

(1) X_1 の確率分布表を作れ.

(2) X_1 の平均と分散を求めよ.

(3) $2X_1 + X_2$ の平均と分散を求めよ.

164 離散型確率変数 X_1, X_2 は互いに独立で, それぞれ二項分布 $B\left(8, \dfrac{1}{4}\right), B\left(9, \dfrac{2}{3}\right)$
に従うとき, $X_1 + X_2$ の平均と分散を求めよ.

165 3 枚の硬貨を 150 回投げる. i 回目の表の出る枚数を X_i とするとき, 次の問い
に答えよ.

(1) X_i の平均と分散を求めよ.

(2) $\overline{X} = \dfrac{X_1 + X_2 + \cdots + X_{150}}{150}$ の平均と分散を求めよ.

166 正規母集団 $N(14, 9)$ から大きさ 50 の標本を無作為抽出するとき, $\overline{X} \leqq 14.5$
となる確率を求めよ

167 正規母集団 $N(\mu, 12)$ から抽出した大きさ 15 の無作為標本の不偏分散 U^2 につ
いて, 確率 $P(U^2 \leqq 4)$ を求めよ.

168 T が自由度 9 の t 分布に従うとき, 次の確率を求めよ.

(1) $P(T \geqq 2.1)$ ～～～～～～ (2) $P(T \leqq -2.5)$

Step up

例題　袋の中に 1 から 5 までの数字が書かれた玉が 1 つずつ入っている．この中から同時に 3 個の玉を取り出すとき，最も大きい数字を X，最も小さい数字を Y とし，$Z = X - Y$ とする．このとき，次の問いに答えよ．

(1) X, Y は互いに独立であるかを調べよ．

(2) Z の確率分布表を作れ．

(3) Z の平均と分散を求めよ．

解　(1) $P(X = 3) = \dfrac{1}{{}_5\mathrm{C}_3} = \dfrac{1}{10}$, $P(Y = 1) = \dfrac{{}_4\mathrm{C}_2}{{}_5\mathrm{C}_3} = \dfrac{6}{10}$

$\qquad P(X = 3, Y = 1) = \dfrac{1}{{}_5\mathrm{C}_3} = \dfrac{1}{10} \neq P(X = 3)P(Y = 1)$

　　　よって，互いに独立でない．

(2) Z のとりうる値は　$Z = 2, 3, 4$

　　　$Z = 2$ となる (X, Y) は　$(3, 1), (4, 2), (5, 3)$

　　　$Z = 3$ のときは　$(4, 1), (5, 2)$　　$Z = 4$ のときは　$(5, 1)$

k	2	3	4	計
$P(Z = k)$	$\dfrac{3}{10}$	$\dfrac{4}{10}$	$\dfrac{3}{10}$	1

(3) $E[Z] = \dfrac{6}{10} + \dfrac{12}{10} + \dfrac{12}{10} = 3$

$\qquad E[Z^2] = \dfrac{12}{10} + \dfrac{36}{10} + \dfrac{48}{10} = \dfrac{48}{5}$

$\qquad V[Z] = E[Z^2] - (E[Z])^2 = \dfrac{48}{5} - 3^2 = \dfrac{3}{5}$　　　//

169 コインを 3 回投げるとき，表の出る回数を X，表と裏の出る回数の差の絶対値を Y とする．このとき，次の問いに答えよ．

(1) X と Y が独立であるかどうかを理由とともに答えよ．

(2) $X + Y$ の確率分布表を作れ．

(3) XY の平均と分散を求めよ．　　　　　　　　　　　（和歌山大）

例題　半径 1 の円の内部に無作為に点をとり，中心からの距離を X とする．同じ操作を 10 回繰り返し，中心からの距離をそれぞれ $X_1, X_2, \cdots, X_{10}$ とする．このとき，次の問いに答えよ．

(1) X の分布関数と確率密度関数を求めよ．

(2) X の期待値と分散を求めよ．

(3) $\overline{X} = \dfrac{1}{10} \displaystyle\sum_{i=1}^{10} X_i$ の期待値と分散を求めよ．

解　(1) 分布関数 $F(x)$ は，$0 \leqq x \leqq 1$ のとき

$$F(x) = P(X \leqq x) = \frac{\pi \cdot x^2}{\pi \cdot 1^2} = x^2$$

$$\therefore \quad F(x) = \begin{cases} 0 & (x < 0 \text{ のとき}) \\ x^2 & (0 \leqq x \leqq 1 \text{ のとき}) \\ 1 & (x > 1 \text{ のとき}) \end{cases}$$

確率密度関数 $f(x)$ は，$F(x) = \displaystyle\int_{-\infty}^{x} f(x)\,dx$ より $F'(x) = f(x)$ だから

$$f(x) = \begin{cases} 2x & (0 \leqq x \leqq 1 \text{ のとき}) \\ 0 & (x < 0,\ x > 1 \text{ のとき}) \end{cases}$$

(2) $E[X] = \displaystyle\int_{-\infty}^{\infty} x f(x)\,dx = \int_0^1 2x^2\,dx = \frac{2}{3}$

$E[X^2] = \displaystyle\int_{-\infty}^{\infty} x^2 f(x)\,dx = \int_0^1 2x^3\,dx = \frac{1}{2}$

$V[X] = E[X^2] - (E[X])^2 = \dfrac{1}{2} - \dfrac{4}{9} = \dfrac{1}{18}$

(3) $E[\overline{X}] = E[X] = \dfrac{2}{3}$, $V[\overline{X}] = \dfrac{1}{10} V[X] = \dfrac{1}{180}$ //

170 2次元平面において，4点 $(\sqrt{2},\ 0)$, $(0,\ \sqrt{2})$, $(-\sqrt{2},\ 0)$, $(0,\ -\sqrt{2})$ で囲まれたひし形を考える．その内部において，ランダムに点 P をとる．P から最も近いひし形の周上の点を Q とし，PQ の長さを X とする．PQ の長さを求める操作を独立に n 回繰り返し，$X_1,\ X_2,\ \cdots,\ X_n$ を得た．ただし n は自然数とする．次の問いに答えよ．

(1) X の分布関数 $F(x) = P(X \leqq x)$ を求めよ．また，$F(x) = \displaystyle\int_0^x f(y)\,dy$ を満たす確率密度関数 $f(x)$ を求めよ．

(2) PQ の長さの平均 $\overline{X} = \dfrac{1}{n} \displaystyle\sum_{i=1}^{n} X_i$ の期待値 $E[\overline{X}]$ を求めよ．

(3) 平均 $\overline{X}$ の分散 $V[\overline{X}]$ を求めよ．   （大阪大）

例題　確率変数 X, Y は互いに独立で，いずれもポアソン分布 $P_o(\lambda)$ に従うとする．このとき，$Z = X + Y$ もポアソン分布に従うことを証明せよ．

解　二項定理から　${}_nC_0 + {}_nC_1 + {}_nC_2 + \cdots + {}_nC_n = (1+1)^n = 2^n$

これを用いて，0 以上の整数 n についての確率 $P(Z = n)$ を計算する．

$X = k$ $(0 \leqq k \leqq n)$ のとき，$Y = n - k$ だから

$$P(X = k,\ Y = n-k) = e^{-\lambda} \frac{\lambda^k}{k!} \cdot e^{-\lambda} \frac{\lambda^{n-k}}{(n-k)!}$$

$$= e^{-2\lambda} \frac{\lambda^n}{k!\,(n-k)!}$$

$$= e^{-2\lambda} \frac{\lambda^n}{n!} \cdot \frac{n!}{k!\,(n-k)!}$$

$$= e^{-2\lambda} \frac{\lambda^n}{n!} \cdot {}_n\mathrm{C}_k$$

したがって

$$P(Z = n) = e^{-2\lambda} \frac{\lambda^n}{n!} \cdot {}_n\mathrm{C}_0 + e^{-2\lambda} \frac{\lambda^n}{n!} \cdot {}_n\mathrm{C}_1 + \cdots + e^{-2\lambda} \frac{\lambda^n}{n!} \cdot {}_n\mathrm{C}_n$$

$$= e^{-2\lambda} \frac{\lambda^n}{n!} ({}_n\mathrm{C}_0 + {}_n\mathrm{C}_1 + \cdots + {}_n\mathrm{C}_n)$$

$$= e^{-2\lambda} \frac{\lambda^n}{n!} 2^n = e^{-2\lambda} \frac{(2\lambda)^n}{n!}$$

よって，Z はポアソン分布 $P_o(2\lambda)$ に従う． //

171 確率変数 X, Y は互いに独立で，いずれも次の確率分布に従うとする．

$$P(X = k) = P(Y = k) = p(1-p)^k \quad (k = 0,\ 1,\ 2,\ \cdots)$$

このとき，$Z = X + Y$ はどのような確率分布に従うか．ただし，$0 < p < 1$ とする．

例題 確率変数 X_1, X_2 について，平均をそれぞれ μ_1, μ_2 とおくとき

$$\mathrm{Cov}[X_1,\ X_2] = E\big[(X_1 - \mu_1)(X_2 - \mu_2)\big]$$

を，X_1, X_2 の**共分散**という．このとき，次の問いに答えよ．

(1) 公式 $\mathrm{Cov}[X_1,\ X_2] = E[X_1 X_2] - \mu_1 \mu_2$ を証明せよ．

(2) X_1, X_2 が互いに独立ならば，$\mathrm{Cov}[X_1,\ X_2] = 0$ であることを証明せよ．

....

解 (1) 平均の性質 $E[aX_1 + bX_2 + c] = aE[X_1] + bE[X_2] + c$ を用いる．

$$\mathrm{Cov}[X_1,\ X_2] = E[X_1 X_2 - \mu_2 X_1 - \mu_1 X_2 + \mu_1 \mu_2]$$

$$= E[X_1 X_2] - \mu_2 E[X_1] - \mu_1 E[X_2] + \mu_1 \mu_2$$

$$= E[X_1 X_2] - \mu_2 \mu_1 - \mu_1 \mu_2 + \mu_1 \mu_2$$

$$= E[X_1 X_2] - \mu_1 \mu_2$$

(2) X_1, X_2 は互いに独立だから，$E[X_1 X_2] = E[X_1]E[X_2]$ が成り立つ．

よって　$\mathrm{Cov}[X_1,\ X_2] = E[X_1]E[X_2] - \mu_1 \mu_2 = \mu_1 \mu_2 - \mu_1 \mu_2 = 0$ //

172 確率変数 X, Y について，平均をそれぞれ μ_x, μ_y，分散をそれぞれ $\sigma_x{}^2$, $\sigma_y{}^2$ とする．また

$$\sigma_{xy} = E\big[(X - \mu_x)(Y - \mu_y)\big], \quad \rho_{xy} = \frac{\sigma_{xy}}{\sigma_x \sigma_y}$$

とおく．ただし，$\sigma_x \neq 0$, $\sigma_y \neq 0$ とする．このとき，次の問いに答えよ．

(1) 任意の実数 λ に対して，次の関係が成り立つことを証明せよ．

$$E\Big[\big(\lambda(X - \mu_x) + (Y - \mu_y)\big)^2\Big] = \lambda^2 \sigma_x{}^2 + 2\lambda \sigma_{xy} + \sigma_y{}^2$$

(2) $-1 \leqq \rho_{xy} \leqq 1$ であることを証明せよ． （三重大 改）

(2) $a \neq 0$ のとき
$$ax^2 + bx + c \geqq 0$$
が任意の実数 x について成り立つ条件は
$$D \leqq 0,\ a > 0$$
であることを用いよ．

Plus

1──多次元確率変数

n 個の確率変数 $X_1,\ X_2,\ \cdots,\ X_n$ の組 $(X_1,\ X_2,\ \cdots,\ X_n)$ を **n 次元確率変数** という．母集団から抽出された大きさ n の無作為標本を組にした $(X_1,\ X_2,\ \cdots,\ X_n)$ は n 次元確率変数と考えられる．ここでは，2 次元確率変数 $(X,\ Y)$ について，離散型と連続型の場合に分けて説明する．

離散型の場合

$X,\ Y$ がそれぞれ $x_1,\ x_2,\ \cdots,\ x_m,\ y_1,\ y_2,\ \cdots,\ y_n$ の値をとるとき，2 次元確率変数 $(X,\ Y)$ の確率分布は

$$P(X = x_i,\ Y = y_j) = p_{ij} \quad (1 \leqq i \leqq m,\ 1 \leqq j \leqq n) \tag{1}$$

で与えられる．(1) を **同時確率分布** という．

$(X,\ Y)$ の同時確率分布 (1) から

$$P(X = x_i) = \sum_{j=1}^{n} p_{ij} = p_{i\cdot} \tag{2}$$

となる．(2) は確率変数 X の確率分布であり，X の **周辺分布** という．同様に，確率変数 Y の周辺分布は

$$P(Y = y_j) = \sum_{i=1}^{m} p_{ij} = p_{\cdot j}$$

同時確率分布と $X,\ Y$ の周辺分布を表に示すと右のようになる．

x ＼ y	y_1	y_2	$\cdots$	y_n	$P(X=x)$
x_1	p_{11}	p_{12}	$\cdots$	p_{1n}	$p_{1\cdot}$
x_2	p_{21}	p_{22}	$\cdots$	p_{2n}	$p_{2\cdot}$
$\vdots$	$\vdots$	$\vdots$	$\vdots$	$\vdots$	$\vdots$
x_m	p_{m1}	p_{m2}	$\cdots$	p_{mn}	$p_{m\cdot}$
$P(Y=y)$	$p_{\cdot 1}$	$p_{\cdot 2}$	$\cdots$	$p_{\cdot n}$	1

> **例題** 1 つのさいころを 2 回投げる．1 回目が 1 の目のときは $X = 1$，1 以外の目のときは $X = 2$ とし，2 回目が 2 以下の目のときは $Y = 1$，3 以上の目のときは $Y = 2$ とする．$(X,\ Y)$ の同時確率分布と周辺分布を表に示せ．

解

$$P(X = 1,\ Y = 1) = \frac{1}{6} \times \frac{1}{3} = \frac{1}{18}$$

$$P(X = 1,\ Y = 2) = \frac{1}{6} \times \frac{2}{3} = \frac{1}{9}$$

$$P(X = 2,\ Y = 1) = \frac{5}{6} \times \frac{1}{3} = \frac{5}{18}$$

$$P(X = 2,\ Y = 2) = \frac{5}{6} \times \frac{2}{3} = \frac{5}{9}$$

x ＼ y	1	2	$P(X=x)$
1	$\dfrac{1}{18}$	$\dfrac{1}{9}$	$\dfrac{1}{6}$
2	$\dfrac{5}{18}$	$\dfrac{5}{9}$	$\dfrac{5}{6}$
$P(Y=y)$	$\dfrac{1}{3}$	$\dfrac{2}{3}$	1

表に示すと，右のようになる． //

173 袋の中に 1, 2, 3 の数字が書かれた玉がそれぞれ 5 個，3 個，2 個入っている．この袋から 1 個ずつ非復元抽出するとき，1 回目，2 回目に出る数字をそれぞれ

$X,\ Y$ とする．$(X,\ Y)$ の同時確率分布と周辺分布を表に示せ．

事象 $X = x_i$ と事象 $Y = y_j$ について

$$P(X = x_i, Y = y_j) = P(X = x_i)\, P(Y = y_j) \tag{3}$$

$$(1 \leqq i \leqq m,\ 1 \leqq j \leqq n)$$

が成り立つならば，確率変数 $X,\ Y$ は互いに独立である．

174 53 ページの例題と問題 173 について，$X,\ Y$ は互いに独立であるかを調べよ．

連続型の場合

2 次元確率変数 $(X,\ Y)$ について

$$P(a \leqq X \leqq b,\ c \leqq Y \leqq d) = \iint_D f(x,\ y)\, dxdy \tag{4}$$

$$D = \{(x,\ y) \mid a \leqq x \leqq b,\ c \leqq y \leqq d\}$$

を満たす関数 $f(x,\ y)$ を $(X,\ Y)$ の**同時確率密度関数**といい，(4) を**同時確率分布**という．確率は 0 以上で，全事象の確率は 1 だから，次のことが成り立つ．

$$f(x,\ y) \geqq 0 \quad かつ \quad \int_{-\infty}^{\infty} \left(\int_{-\infty}^{\infty} f(x,\ y)\, dx \right) dy = 1 \tag{5}$$

逆に，関数 $f(x,\ y)$ が (5) を満たすとき，$f(x,\ y)$ を同時確率密度関数とする 2 次元確率変数を考えることができる．

事象 $a \leqq X \leqq b$ は，$a \leqq X \leqq b,\ -\infty < Y < \infty$ で表される事象と考えられるから，(4) により

$$P(a \leqq X \leqq b) = \int_a^b \left(\int_{-\infty}^{\infty} f(x,\ y)\, dy \right) dx$$

$\int_{-\infty}^{\infty} f(x,\ y)\, dy = f_1(x)$ とおくと

$$P(a \leqq X \leqq b) = \int_a^b f_1(x)\, dx \tag{6}$$

これは，$(X,\ Y)$ の同時確率分布が (4) で与えられたときの確率変数 X の確率分布である．これを X の**周辺分布**，$f_1(x)$ を X の**周辺確率密度関数**という．同様に

$$P(c \leqq Y \leqq d) = \int_c^d f_2(y)\, dy \quad ただし \quad f_2(y) = \int_{-\infty}^{\infty} f(x,\ y)\, dx$$

を確率変数 Y の周辺分布，$f_2(y)$ を Y の周辺確率密度関数という．

例 1 $f(x,\ y) = \dfrac{1}{2\pi} e^{-\frac{1}{2}(x^2+y^2)}$ のとき，$f(x,\ y) \geqq 0$ であり

$$\int_{-\infty}^{\infty} \left(\int_{-\infty}^{\infty} f(x,\ y)\, dx \right) dy = \frac{1}{2\pi} \int_{-\infty}^{\infty} \left(\int_{-\infty}^{\infty} e^{-\frac{x^2}{2}} e^{-\frac{y^2}{2}}\, dx \right) dy$$

$$= \frac{1}{\sqrt{2\pi}} \int_{-\infty}^{\infty} e^{-\frac{y^2}{2}} \left(\int_{-\infty}^{\infty} \frac{1}{\sqrt{2\pi}} e^{-\frac{x^2}{2}}\, dx \right) dy$$

$$= \int_{-\infty}^{\infty} \frac{1}{\sqrt{2\pi}} e^{-\frac{y^2}{2}}\, dy = 1$$

となるから，$f(x, y)$ は同時確率密度関数である.

X, Y の周辺確率密度関数は，それぞれ次のようになる.

$$f_1(x) = \frac{1}{\sqrt{2\pi}}e^{-\frac{x^2}{2}}, \ f_2(y) = \frac{1}{\sqrt{2\pi}}e^{-\frac{y^2}{2}}$$

例題 (X, Y) の同時確率密度関数が

$$f(x, y) = \begin{cases} kxy & (0 \leqq x \leqq 2, \ 0 \leqq y \leqq 2 \text{ のとき}) \\ 0 & (\text{それ以外の } x, y \text{ のとき}) \end{cases}$$

で与えられるとき，次の問いに答えよ.

(1) 定数 k の値を求めよ.

(2) X の周辺確率密度関数 $f_1(x)$ を求めよ.

(3) $P(X \leqq 1, Y \geqq 1)$ を求めよ.

解 (1) $\displaystyle\int_{-\infty}^{\infty}\left(\int_{-\infty}^{\infty}f(x, y)\,dx\right)dy = \int_0^2\left(\int_0^2 kxy\,dx\right)dy$

$$= k\int_0^2\left[\frac{1}{2}x^2y\right]_0^2 dy = k\int_0^2 2y\,dy = 4k$$

$\displaystyle\int_{-\infty}^{\infty}\left(\int_{-\infty}^{\infty}f(x, y)\,dx\right)dy = 1$ より　$k = \dfrac{1}{4}$

(2) $0 \leqq x \leqq 2$ のとき

$$f_1(x) = \int_0^2 \frac{1}{4}xy\,dy = \frac{1}{4}\left[\frac{1}{2}xy^2\right]_0^2 = \frac{1}{2}x$$

$x < 0, \ x > 2$ のとき

$$f_1(x) = \int_{-\infty}^{\infty} 0\,dy = 0$$

したがって

$$f_1(x) = \begin{cases} \dfrac{1}{2}x & (0 \leqq x \leqq 2 \text{ のとき}) \\ 0 & (x < 0, \ x > 2 \text{ のとき}) \end{cases}$$

(3) $\displaystyle P(X \leqq 1, Y \geqq 1) = \int_1^2\left(\int_0^1 \frac{1}{4}xy\,dx\right)dy = \frac{1}{4}\int_1^2\left[\frac{1}{2}x^2y\right]_0^1 dy$

$$= \frac{1}{4}\int_1^2 \frac{1}{2}y\,dy = \frac{1}{8}\left[\frac{1}{2}y^2\right]_1^2 = \frac{3}{16} \qquad //$$

175 (X, Y) の同時確率密度関数が

$$f(x, y) = \begin{cases} \dfrac{c}{(1+x+y)^4} & (x \geqq 0, \ y \geqq 0 \text{ のとき}) \\ 0 & (\text{それ以外の } x, y \text{ のとき}) \end{cases}$$

で与えられるとき，次の問いに答えよ.

(1) 定数 c の値を求めよ.

(2) X の周辺確率密度関数 $f_1(x)$ を求めよ.　　　　　（三重大 改）

$f(x, y)$ を同時確率密度関数にもつ 2 次元確率変数 (X, Y) について, X, Y の周辺確率密度関数をそれぞれ $f_1(x), f_2(y)$ とするとき

$$f(x, y) = f_1(x)f_2(y) \tag{7}$$

が成り立つならば, 確率変数 X, Y は互いに独立である.

例 2 54 ページの例について

$$\frac{1}{\sqrt{2\pi}}e^{-\frac{1}{2}x^2}\frac{1}{\sqrt{2\pi}}e^{-\frac{1}{2}y^2} = \frac{1}{2\pi}e^{-\frac{1}{2}(x^2+y^2)}$$

となるから, X, Y は互いに独立である.

176 (X, Y) の同時確率密度関数が

$$f(x, y) = \begin{cases} e^{-x-y} & (x \geqq 0, \ y \geqq 0 \ \text{のとき}) \\ 0 & (\text{それ以外の } x, \ y \ \text{のとき}) \end{cases}$$

で与えられているとき, X, Y は互いに独立であるかを調べよ.

2──**歪度と尖度**

確率変数 X について, $\mu = E[X], \ \sigma = \sqrt{V[X]}$ とおくと, X の標準化

$$Z = \frac{X - \mu}{\sigma}$$

について, 次が成り立つ.

$$E[Z] = 0, \ E[Z^2] = 1$$

さらに

$$E[Z^3] = \frac{1}{\sigma^3}E\big[(X - \mu)^3\big], \ E[Z^4] = \frac{1}{\sigma^4}E\big[(X - \mu)^4\big]$$

をそれぞれ**歪度 (わいど)**, **尖度 (せんど)** という.

歪度は, 平均に関して対称的であれば 0 に近い値になるが, 非対称性を増すにつれて, その絶対値は大きくなる. また, 尖度は, 平均の近くが尖っている分布の場合に小さい値をとる. 特に, Z が標準正規分布に従う場合は

$$E[Z^3] = \frac{1}{\sqrt{2\pi}}\int_{-\infty}^{\infty} x^3 e^{-\frac{x^2}{2}}\, dx = 0$$

$$E[Z^4] = \frac{1}{\sqrt{2\pi}}\int_{-\infty}^{\infty} x^4 e^{-\frac{x^2}{2}}\, dx$$

$$= \frac{1}{\sqrt{2\pi}}\Big[x^3\big(-e^{-\frac{x^2}{2}}\big)\Big]_{-\infty}^{\infty} - \frac{1}{\sqrt{2\pi}}\int_{-\infty}^{\infty} 3x^2\big(-e^{-\frac{x^2}{2}}\big)\, dx$$

$$= \frac{3}{\sqrt{2\pi}}\int_{-\infty}^{\infty} x^2 e^{-\frac{x^2}{2}}\, dx = 3$$

したがって, 標準正規分布の場合の歪度は 0, 尖度は 3 である.

例題 X の確率密度関数 $f(x)$ が

$$f(x) = \begin{cases} e^{-x} & (x \geqq 0 \text{ のとき}) \\ 0 & (x < 0 \text{ のとき}) \end{cases}$$

で与えられるとき，X の歪度，尖度を求めよ.

解 $I_n = \displaystyle\int_0^\infty x^n e^{-x} dx \ (n = 0, 1, 2, 3, 4)$ とおくと

$$I_n = \int_0^\infty x^n e^{-x} dx = \Big[x^n(-e^{-x})\Big]_0^\infty - \int_0^\infty nx^{n-1}(-e^{-x})dx = nI_{n-1}$$

$I_0 = \displaystyle\int_0^\infty e^{-x} dx = 1$ だから

$$I_1 = I_0 = 1, \ I_2 = 2I_1 = 2, \ I_3 = 3I_2 = 6, \ I_4 = 4I_3 = 24$$

したがって，平均，分散をそれぞれ μ，σ^2 とおくと

$$\mu = I_1 = 1, \ \sigma^2 = I_2 - \mu^2 = 1$$

歪度は　$\dfrac{1}{1^3} \displaystyle\int_0^\infty (x-1)^3 e^{-x} dx = I_3 - 3I_2 + 3I_1 - I_0 = 2$

尖度は　$\dfrac{1}{1^4} \displaystyle\int_0^\infty (x-1)^4 e^{-x} dx = I_4 - 4I_3 + 6I_2 - 4I_1 + I_0 = 9$ 　　　//

177 X の確率密度関数 $f(x)$ が

$$f(x) = \begin{cases} \dfrac{1}{4}(2 - |x|) & (|x| \leqq 2 \text{ のとき}) \\ 0 & (|x| > 2 \text{ のとき}) \end{cases}$$

で与えられるとき，X の歪度，尖度を求めよ.

3──モーメント母関数（積率母関数）

確率変数 X について，X が離散型のとき確率分布を

$$P(X = i) = p_i \quad (i = 1, 2, \cdots, n)$$

とし，X が連続型のとき確率密度関数を $f(x)$ とする.

正の整数 k について

$$E[X^k] = \sum_{i=1}^n x_i^k p_i \qquad \text{（離散型）} \qquad (1)$$

$$E[X^k] = \int_{-\infty}^\infty x^k f(x) \, dx \qquad \text{（連続型）} \qquad (2)$$

を X の（原点のまわりの）**k 次モーメント（積率）** という.

例えば，平均，分散，歪度，尖度は，それぞれ X の 1 次, 2 次, 3 次, 4 次モーメントから計算される.

実数 t についての関数

$$M(t) = E[e^{tX}] = \sum_{i=1}^{n} e^{tx_i} p_i \qquad (離散型)$$

$$M(t) = E[e^{tX}] = \int_{-\infty}^{\infty} e^{tx} f(x)\,dx \qquad (連続型)$$

を X の**モーメント母関数（積率母関数）**という.

$M(t)$ の第 k 次導関数は

$$M^{(k)}(t) = \sum_{i=1}^{n} x_i^k e^{tx_i} p_i \qquad (離散型)$$

$$M^{(k)}(t) = \int_{-\infty}^{\infty} x^k e^{tx} f(x)\,dx \qquad (連続型)$$

となる. $M(t)$ の $t = 0$ における第 k 次微分係数は

$$M^{(k)}(0) = \sum_{i=1}^{n} x_i^k p_i \qquad (離散型) \qquad (3)$$

$$M^{(k)}(0) = \int_{-\infty}^{\infty} x^k f(x)\,dx \qquad (連続型) \qquad (4)$$

となる. (3), (4) の右辺はそれぞれ, (1), (2) の右辺に等しい. したがって

$$E[X^k] = M^{(k)}(0)$$

例題 確率変数 X が二項分布

$$P(X = k) = {}_n\mathrm{C}_k p^k q^{n-k} \qquad (k = 0,\ 1,\ 2,\ \cdots,\ n)$$

に従うとき, 次の問いに答えよ. ただし, $0 < p < 1$, $q = 1 - p$ とする.

(1) X のモーメント母関数を求めよ.

(2) X の平均は np, 分散は npq であることを証明せよ.

解 (1) X のモーメント母関数を $M(t)$ とすると, 二項定理より

$$M(t) = \sum_{k=0}^{n} {}_n\mathrm{C}_k e^{tk} p^k q^{n-k} = \sum_{k=0}^{n} {}_n\mathrm{C}_k (pe^t)^k q^{n-k} = (pe^t + q)^n$$

(2) $M(t)$ を 2 回微分すると

$$M'(t) = npe^t(pe^t + q)^{n-1}$$

$$M''(t) = npe^t(pe^t + q)^{n-1} + n(n-1)p^2 e^{2t}(pe^t + q)^{n-2}$$

よって

$$E[X] = M'(0) = np(p + q)^{n-1} = np$$

$$E[X^2] = M''(0) = np + n(n-1)p^2$$

$$V[X] = E[X^2] - (E[X])^2$$

$$= np + n(n-1)p^2 - n^2 p^2 = np(1 - p) = npq \qquad //$$

178 確率変数 X がポアソン分布

$$P(X = k) = e^{-\lambda} \frac{\lambda^k}{k!} \qquad (k = 0, \ 1, \ 2, \ \cdots)$$

に従うとき，次の問いに答えよ．ただし，$\lambda > 0$ とする．

(1) X のモーメント母関数を求めよ．

(2) X の平均は λ，分散は λ であることを証明せよ．

(1) e^x のマクローリン展開
$$e^x = \sum_{k=0}^{\infty} \frac{x^k}{k!}$$ を用いよ．

3章

確率分布

例題 X が標準正規分布に従うとき，X の k 次モーメント μ_k を求めよ．

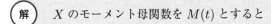

解 X のモーメント母関数を $M(t)$ とすると

$$M(t) = \int_{-\infty}^{\infty} e^{tx} \frac{1}{\sqrt{2\pi}} e^{-\frac{x^2}{2}} dx = \frac{1}{\sqrt{2\pi}} \int_{-\infty}^{\infty} e^{-\frac{(x-t)^2}{2}} e^{\frac{t^2}{2}} dx$$

$$= \frac{1}{\sqrt{2\pi}} e^{\frac{t^2}{2}} \int_{-\infty}^{\infty} e^{-\frac{(x-t)^2}{2}} dx$$

$x - t = y$ の置換積分を用いると

$$\frac{1}{\sqrt{2\pi}} \int_{-\infty}^{\infty} e^{-\frac{(x-t)^2}{2}} dx = \frac{1}{\sqrt{2\pi}} \int_{-\infty}^{\infty} e^{-\frac{y^2}{2}} dy = 1$$

よって　$M(t) = e^{\frac{t^2}{2}}$

e^x のマクローリン展開に $x = \dfrac{t^2}{2}$ を代入すると

$$M(t) = e^{\frac{t^2}{2}} = 1 + \frac{1}{2}t^2 + \frac{1}{2! \cdot 2^2} t^4 + \cdots + \frac{1}{n! 2^n} t^{2n} + \cdots \qquad ①$$

また，$M(t)$ のマクローリン展開は，$M^{(n)}(0) = \mu_n$ より

$$M(t) = 1 + \frac{\mu_1}{1!} t + \frac{\mu_2}{2!} t^2 + \cdots + \frac{\mu_n}{n!} t^n + \cdots \qquad ②$$

①，②より，k が奇数のとき　$\mu_k = 0$

k が偶数のとき，t^{2n} の係数を比較して　$\dfrac{\mu_{2n}}{(2n)!} = \dfrac{1}{n! 2^n}$

よって　$\mu_{2n} = \dfrac{(2n)!}{n! 2^n} \quad (n = 1, \ 2, \ \cdots)$ //

---

179 57 ページの例題について，X のモーメント母関数と次の等式を用いて，X の k 次モーメント μ_k を求めよ．

$$\frac{1}{1-t} = 1 + t + t^2 + \cdots + t^n + \cdots \qquad (|t| < 1)$$

4──補章関連

幾何分布と指数分布

→ 教 p.124
→ 教 p.126

幾何分布（離散型）

$$P(X = k) = p(1-p)^{k-1} \quad (0 < p < 1, \ k = 1, \ 2, \ 3, \ \cdots) \qquad (1)$$

平均 $\dfrac{1}{p}$，分散 $\dfrac{1-p}{p^2}$

指数分布（連続型）

$$f(x) = \begin{cases} \lambda e^{-\lambda x} & (x \geqq 0) \\ 0 & (x < 0) \end{cases} \qquad (\lambda > 0) \tag{2}$$

平均 $\dfrac{1}{\lambda}$，分散 $\dfrac{1}{\lambda^2}$

例題 確率変数 X が (1) の幾何分布に従うとき，X の平均は $\dfrac{1}{p}$，分散は $\dfrac{1-p}{p^2}$ であることを証明せよ．

- -

解
$$E[X] = \sum_{k=1}^{\infty} kp(1-p)^{k-1} = p\{1 + 2(1-p) + 3(1-p)^2 + \cdots\} \quad ①$$

① × $(1-p)$ より

$$(1-p)E[X] = p\{(1-p) + 2(1-p)^2 + 3(1-p)^3 + \cdots\} \qquad ②$$

① − ② より

$$pE[X] = p\{1 + (1-p) + (1-p)^2 + (1-p)^3 + \cdots\}$$
$$= p \cdot \frac{1}{1-(1-p)} = 1$$
$$\therefore \quad E[X] = \frac{1}{p}$$

次に

$$E[X^2] = \sum_{k=1}^{\infty} k^2 p(1-p)^{k-1} = p\{1 + 4(1-p) + 9(1-p)^2 + \cdots\} \quad ③$$

③ × $(1-p)$ より

$$(1-p)E[X^2] = p\{(1-p) + 4(1-p)^2 + 9(1-p)^3 + \cdots\} \qquad ④$$

③ − ④ より

$$pE[X^2] = p\{1 + 3(1-p) + 5(1-p)^2 + 7(1-p)^3 + \cdots\} \qquad ⑤$$

⑤ × $(1-p)$ より

$$p(1-p)E[X^2] = p\{(1-p) + 3(1-p)^2 + 5(1-p)^3 + \cdots\} \qquad ⑥$$

⑤ − ⑥ より

$$p^2 E[X^2] = p\{1 + 2(1-p) + 2(1-p)^2 + 2(1-p)^3 + \cdots\}$$
$$= p + 2p\{(1-p) + (1-p)^2 + (1-p)^3 + \cdots\}$$
$$= p + 2p \cdot \frac{1-p}{1-(1-p)} = 2-p$$
$$\therefore \quad E[X^2] = \frac{2-p}{p^2} \quad \text{よって} \quad V[X] = \frac{2-p}{p^2} - \left(\frac{1}{p}\right)^2 = \frac{1-p}{p^2} \quad //$$

180 確率変数 X が (2) の指数分布に従うとき，X の平均は $\dfrac{1}{\lambda}$，分散は $\dfrac{1}{\lambda^2}$ であることを証明せよ．

F 分布

→教 p.127

確率変数 X_1, X_2 が互いに独立で，それぞれ自由度 m, n の χ^2 分布に従うとき，

$X = \dfrac{X_1}{m} \Big/ \dfrac{X_2}{n}$ は自由度 (m, n) の F 分布に従う．

○ 上側 α 点 $F_{m,n}(\alpha)$　$\iff$　$P\big(F \geqq F_{m,n}(\alpha)\big) = \alpha$

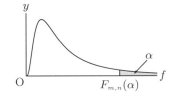

○ $N(\mu_1, \sigma^2)$, $N(\mu_2, \sigma^2)$ から独立に大きさ n_1, n_2 の無作為標本を抽出

$\implies$　$\dfrac{U_1{}^2}{U_2{}^2}$ は自由度 $(n_1 - 1, n_2 - 1)$ の F 分布に従う．

例題　分散が同じ 2 つの正規母集団から独立に抽出した大きさ 30, 20 の無作為標本
の不偏分散をそれぞれ $U_1{}^2$, $U_2{}^2$ とする．このとき，$P\left(\dfrac{U_1{}^2}{U_2{}^2} \geqq x\right) = 0.025$
となる x の値を求めよ．

解　$\dfrac{U_1{}^2}{U_2{}^2}$ は自由度 $(29, 19)$ の F 分布に従う．逆 F 分布表より

$$P\left(\dfrac{U_1{}^2}{U_2{}^2} \geqq 2.402\right) = 0.025 \qquad \therefore \quad x = 2.402$$

181 分散が同じ 2 つの正規母集団から独立に抽出した大きさ 9, 14 の無作為標本の
不偏分散をそれぞれ $U_1{}^2$, $U_2{}^2$ とする．このとき，$P\left(\dfrac{U_1{}^2}{U_2{}^2} \geqq x\right) = 0.025$ と
なる x の値を求めよ．

5——いろいろな問題

182 ある銀行の 1 分間あたりの来客数は，$\lambda = 0.2$ のポアソン分布に従うとする．こ
のとき，次の確率を求めよ．

(1) 1 分間に来客が 1 人もない確率

(2) 1 分間の来客数が 4 人である確率

(3) 5 分間に来客が 1 人もない確率

(4) 3 分間に来客が 1 人だけである確率　　　　　　　　　　　　　　（九州大）

183 確率変数 X は 1, 2, 3 のいずれかの整数値をとる．また，X が整数 x をとる
確率 $P(X = x)$ は次の式で与えられているとする．

$$P(X = x) = \dfrac{x}{6} \quad (x = 1, 2, 3)$$

このとき，X の標準偏差を求めよ．　　　　　　　　　　　　　　　（筑波大）

184 X の確率密度関数が
$$f(x) = \begin{cases} \dfrac{\pi}{2} x e^{-\frac{\pi}{4} x^2} & (x \geqq 0 \text{ のとき}) \\ 0 & (x < 0 \text{ のとき}) \end{cases}$$

で与えられるとき，次の問いに答えよ．

(1) 1以下の X が出現する確率を求めよ．

(2) 確率密度が最も大きくなる x の値を求めよ．また，$y = f(x)$ のグラフを図示せよ．

(3) 実験によりこの変数 X を発生させ，十分な数の測定を行った．データを整理するにあたり，測定された x を大きいものから順に並べて上位 $\dfrac{1}{3}$ だけを用い，x の小さい値はカットした．このとき，データ整理に用いた上位 $\dfrac{1}{3}$ の X がとり得る範囲の下限を求めよ． （大阪大）

4章　推定と検定

1 母数の推定

まとめ

- **点推定**

  未知の母数（母平均 μ，母分散 σ^2 など）を 1 つの値で推定する．

  ◦ 推定量　母数を推定する統計量

  $$\text{母数 } \theta \text{ の不偏推定量 } T \iff E[T] = \theta$$

  ◦ 推定値　推定量の実現値（実際に観測された値）

  ◦ 標本平均 $\overline{X}$ は μ の不偏推定量，不偏分散 U^2 は σ^2 の不偏推定量

- **区間推定**

  未知の母数の値がある確からしさで入る区間で推定する．

  ◦ 信頼区間　標本から推定される区間

  ◦ 信頼係数　はじめに与えられる確からしさを示す値

以下は，大きさ n の無作為標本を抽出したときの信頼係数 $1 - \alpha$ の信頼区間

- **母平均の区間推定**

  ◦ 正規母集団で母分散 σ^2 が未知のとき

  $$\overline{x} - t_{n-1}(\alpha/2)\sqrt{\frac{u^2}{n}} \leqq \mu \leqq \overline{x} + t_{n-1}(\alpha/2)\sqrt{\frac{u^2}{n}}$$

  ◦ n が大きいとき

  $$\overline{x} - z_{\alpha/2}\sqrt{\frac{u^2}{n}} \leqq \mu \leqq \overline{x} + z_{\alpha/2}\sqrt{\frac{u^2}{n}}$$

  ただし，$z_{\alpha/2}$ は標準正規分布の上側 $\alpha/2$ 点

- **母比率の区間推定**　二項母集団で n が大きいとき

  $$\widehat{p} - z_{\alpha/2}\sqrt{\frac{\widehat{p}(1-\widehat{p})}{n}} \leqq p \leqq \widehat{p} + z_{\alpha/2}\sqrt{\frac{\widehat{p}(1-\widehat{p})}{n}}$$

Basic

185 ある機械で大量に生産したナットから，10 個を無作為に選んで直径（単位 cm）
を測定したところ，次の値が得られた．母平均 μ の推定値を求めよ．　→教p.91 問·1

$$5.36 \quad 5.41 \quad 5.43 \quad 5.29 \quad 5.33 \quad 5.40 \quad 5.47 \quad 5.35 \quad 5.45 \quad 5.31$$

186 ある大量に生産された材料から，6 個を無作為に選んで重さ（単位 kg）を測定
したところ，次の値が得られた．これから母分散 σ^2 の推定値 u^2 を求めよ．　→教p.92 問·2

$$3.60 \quad 4.01 \quad 3.98 \quad 3.71 \quad 3.68 \quad 3.82$$

187 大量に生産された製品の中から無作為に 6 個を選び，その重量（単位 kg）を調
べたところ，平均が 20.52，不偏分散が 5.67 であった．母平均 μ の 95 ％信頼
区間を求めよ．ただし，重量は正規分布に従うものとする．　→教p.95 問·3

188 次の値は，ある飼料 5 袋の重量（単位 kg）を測定した値である．　→教p.95 問·3

$$10.69 \quad 11.06 \quad 10.04 \quad 10.83 \quad 9.88$$

$N(\mu, \sigma^2)$ からの無作為標本とみて，母平均 μ の 95 ％信頼区間を求めよ．

189 ある学校の学生 200 人を無作為に選び，1 日あたりの睡眠時間（単位 時間）を
聞いたところ，平均が 6.44，不偏分散が 1.86 であった．母平均 μ の 95 ％信頼
区間を求めよ．　→教p.95 問·4

190 ある学校において，自転車通学生の割合を調べるために，大きさ 300 の無作為
標本をとった．母集団に対する自転車通学生の割合を 0.65 と仮定した場合，こ
の調査における標本比率の平均と標準偏差を求めよ．また，標本比率が 0.70 よ
り大きくなる確率を求めよ．　→教p.96 問·5

191 あるお菓子の製造メーカーで，糖度に基準を設けて新製品のクッキーを作るこ
とになった．試作品の中から 400 個を無作為抽出して調べたところ，基準を満
たさない不良品が 10 個あった．このクッキーの基準を満たさない不良率 p の
95％信頼区間を求めよ．　→教p.98 問·6

192 画びょうを投げるとき，針が上に向く割合 p を調べたい．今，300 回投げたと
ころ，168 回が上向きになった．母比率 p の 95 ％信頼区間を求めよ．　→教p.98 問·6

193 ある試行の成功率 p を調べるため標本調査を行う．信頼区間の幅を 0.03 以内に
なるように，信頼係数 95 ％で p の区間推定をしたい．標本はいくつ必要とな
るか求めよ．　→教p.98 問·7

Check

194 ある都市の無作為に抽出した 18 歳男子 15 人の身長（単位 cm）を測定したところ，平均 167.4，不偏分散 6.0^2 であった．母集団の身長は正規分布に従うとして，その都市における 18 歳男子の平均身長 μ の 95 ％信頼区間を求めよ．

195 ある作物の試験栽培において，同一条件にあるように管理を施した 8 か所の面積の等しい畑を選び，収穫高（単位 kg）を調べたところ，次のような結果を得た．母平均 μ の 99 ％信頼区間を求めよ．ただし，収穫高は正規分布に従うとする．

  3.2　4.8　2.9　3.1　4.7　2.4　4.1　3.6

196 ある学校の新入生 500 名に対して数学のテストを行った．受験者のうち 60 名を抽出し，得点の平均点と不偏分散を求めたところ，それぞれ 52.3，20.2^2 であった．全受験者の平均点の 95 ％信頼区間を求めよ．

197 ある都市の家族 500 世帯を無作為に抽出し，車を所有している人の割合を調べた．この都市の車の所有率を 0.75 と仮定した場合，この調査における標本所有率 $\widehat{P}$ の平均と標準偏差を求めよ．また $\widehat{P} \geqq 0.77$ となる確率を求めよ．

198 ある部品の製造工場で，これまでの不良率（不良品の比率）は 2.5 ％であった．最近，製造機械が老朽化してきたため，500 個の製品を抜き取って検査したところ，15 個が不良品であった．最近の不良率の 95 ％信頼区間を求めよ．

199 ある菓子メーカーが，新製品に対する消費者の支持率を調べるため，モニターを募集することにした．95％信頼区間の幅が 0.05 以内になるようにするためには，少なくとも何人のモニターが必要か．

Step up

例題 ある実験を 50 回実施したところ，特性値の平均値は 256.4 であり，不偏分散は 18.8^2 であった．次の問いに答えよ．

(1) 母平均の 95 ％ 信頼区間を求めよ．

(2) 95 ％ 信頼区間の幅を 8 以内にしたい．標本の大きさが変わっても不偏分散が変わらないとすると，標本をいくつ抽出したらよいか．

解 標本の大きさ n は大きいから，特性値は近似的に正規分布に従うとしてよい．

(1) $n = 50$, $\bar{x} = 256.4$, $u^2 = 18.8^2$, $\alpha = 95\%$ より

$$256.4 - 1.960 \times \frac{18.8}{\sqrt{50}} \leqq \mu \leqq 256.4 + 1.960 \times \frac{18.8}{\sqrt{50}}$$

$$\therefore \quad 251.2 \leqq \mu \leqq 261.6$$

(2) 標本の大きさが n のときの 信頼区間は

$$256.4 - 1.960 \times \frac{18.8}{\sqrt{n}} \leqq \mu \leqq 256.4 + 1.960 \times \frac{18.8}{\sqrt{n}} \quad したがって$$

$$2 \times 1.960 \times \frac{18.8}{\sqrt{n}} \leqq 8 \qquad \therefore \quad n \geqq 84.9$$

よって，85 以上の標本を抽出すればよい． //

200 ある教科の全国統一テストが実施された．昨年度のテスト結果では標準偏差は 15 点であった．今年度のテストの全国平均点を信頼区間の幅が 2 以内になるように区間推定するには，何人以上を抽出するとよいか．ただし，信頼係数は 95 ％ とし，不偏分散は 15^2 であるとする．

201 ある学年から無作為に選ばれた 1 人の学生が，ある問題を解くのに要する時間は，近似的に正規分布に従うことがわかっている．不偏分散が 10^2 であったときの母平均の 99 ％ 信頼区間の幅が 4 以内になるように区間推定するとすれば，何人の学生が必要となるか．

2　仮説検定

● **仮説と検定**

(1) 有意水準（危険率）α を定める.

(2) 帰無仮説 H_0 と対立仮説 H_1 を設定する.

$\quad$ $H_0 : \theta = \theta_0$

$\quad$ $H_1 : \theta \neq \theta_0$（両側検定）　$\theta > \theta_0$（右側検定）　$\theta < \theta_0$（左側検定）

(3) H_0 を仮定して, 検定統計量 X の実現値 x を求める.

(4) p 値を求めて H_0 を棄却するかどうかを判断する.

$\quad$ p 値　X が x より外れる確率（α より小さければ棄却）

H_0 の真偽 ＼ 判定	H_0 が真	H_0 が偽 (H_1 が真)
H_0 を受容	正しい判断	**第 2 種の誤り**
H_0 を棄却	**第 1 種の誤り**	正しい判断

$\quad$ 検出力　第 2 種の誤りを犯さない確率

● **いろいろな検定**

	検　　定	検定統計量	確率分布
母平均	正規母集団で母分散が未知	$T = \dfrac{\overline{X} - \mu}{\sqrt{U^2/n}}$	自由度 $n-1$ の t 分布
母平均の差	正規母集団で母分散が未知	$T = \dfrac{\overline{X_1} - \overline{X_2}}{\sqrt{U_1{}^2/n_1 + U_2{}^2/n_2}}$	近似的に自由度 $d^{*)}$ の t 分布
母比率	二項母集団で n が大きい	$Z = \dfrac{\widehat{P} - p_0}{\sqrt{p_0 q_0/n}}$	近似的に標準正規分布

$*)$　$d = \dfrac{(u_1{}^2/n_1 + u_2{}^2/n_2)^2}{\dfrac{(u_1{}^2/n_1)^2}{n_1 - 1} + \dfrac{(u_2{}^2/n_2)^2}{n_2 - 1}}$　　（$u_1{}^2,\ u_2{}^2$ は $U_1{}^2,\ U_2{}^2$ の実現値）

Basic

202 あるさいころを5回投げたところ，1の目が2回出た．次の問いに答えよ． →教 p.102 問・1

(1) 仮説「このさいころで1の目が出る確率 p は $\dfrac{1}{6}$ より大きい」について，H_0，H_1 を作れ．

(2) あらためて5回投げたところ，1の目が3回出た．この結果をもとに有意水準5%で仮説検定せよ．

203 全国の小学校新入生男子の身長は正規分布に従い，平均116.2cmであることが知られている．ある地方で10人の新入生男子について身長を測定したところ，標本平均は $\bar{x} = 118.9$，不偏分散は $u^2 = 24$ であった．このデータから，「この地方の新入生男子の平均身長は全国平均と異なる」について，有意水準5%で検定せよ． →教 p.106 問・2

204 ある工場において，内容量が350mlである容器に入れる飲料の体積（単位ml）は，正規分布に従うように作られている．最近，内容量が350より少なくなったと苦情が寄せられた．そこで，この容器を15個無作為抽出して飲料の体積を調べたところ，標本平均は348.3，不偏分散は 3.9^2 であった．この容器の飲料の体積は350より少なくなったといえるか．有意水準5%で検定せよ． →教 p.106 問・2

205 2種類のLEDランプA, Bについて，その消費電力を調べるために，それぞれ大きさ6, 10の標本を無作為抽出した．平均消費電力はそれぞれ単位時間あたり4.8W, 5.2W，不偏分散はそれぞれ 0.41^2，0.39^2 であった．この2種類のLEDランプの消費電力の差は有意であるか．正規母集団を仮定して，有意水準5%で検定せよ． →教 p.108 問・3

206 数学のテストを無作為に抽出した男子12名，女子12名の学生に行ったところ，平均はそれぞれ66, 74，不偏分散はそれぞれ 6^2，10^2 であった．このテストにおいて，男女に差があると認められるか．正規母集団を仮定して，有意水準5%で検定せよ． →教 p.108 問・3

207 ある実験室で毎年A社製のボルトを大量に購入している．規定の強度があり，それを満たしていない不良率は3%とされていた．最近強度が不足しているように感じたので，100本を無作為抽出して調べたところ強度不足の不良品が5本あった．不良率は3%より高くなったといえるか．有意水準5%で検定せよ． →教 p.109 問・4

208 1つのさいころを150回投げたところ，1の目が32回出た．このさいころの1の目が出る確率は $\dfrac{1}{6}$ であるといってよいか．有意水準5%で検定せよ． →教 p.109 問・4

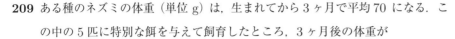

Check

209 ある種のネズミの体重（単位 g）は，生まれてから 3 ヶ月で平均 70 になる．この中の 5 匹に特別な餌を与えて飼育したところ，3 ヶ月後の体重が

　　　　69.9　75.5　69.7　73.7　76.2

となった．この餌はこの種のネズミの体重に影響を与えるといえるか．有意水準 5 ％で検定せよ．ただし，ネズミの体重は正規分布に従うものとする．

210 異なる地区にある 2 つの小学校で，新入生の男子 8 人と 10 人について身長（単位 cm）の平均と不偏分散を調べたら，平均はそれぞれ 116.9, 113.1，不偏分散はそれぞれ 16.0, 22.0 であった．2 つの地区の平均身長に差があるといえるか．正規母集団を仮定して，有意水準 5 ％で検定せよ．

211 ある地区では，タンパク質含有率が従来より高くなるとされる新種の小麦を栽培してタンパク質含有率（単位 ％）を測定することになった．従来の小麦 8 つと新種の小麦 7 つを選び測定したところ，それぞれ平均は 12.6, 13.5 と不偏分散は 0.25, 0.73 であった．新種の小麦は従来の小麦よりタンパク質含有率が高くなっているといえるか．正規母集団を仮定して，有意水準 5 ％で検定せよ．

212 ある新薬を患者 300 人に投与したところ，250 人が完治した．従来の薬では 80 ％の患者が完治していたという．新薬は従来の薬より効果があるといってよいか．有意水準 1 ％で検定せよ．

4 章　推定と検定

Step up

例題　ある硬貨は特殊な製造法により表が出やすいと噂されていた．そこで仮説「この硬貨の表が出る確率 p は $\frac{1}{2}$ より大きい」について，この硬貨を n 回投げる実験をして有意水準 5% で仮説検定することにした．次の問いに答えよ．

(1) 帰無仮説 H_0, 対立仮説 H_1 を作れ．

(2) $p = \frac{3}{4}$ として，$n = 5, 15$ のときの検出力をそれぞれ求めよ．

(3) $n = 15$ で実験したところ，表が 12 回出た．有意水準 5% で仮説検定せよ．

解　(1) $H_0 : p = \frac{1}{2}$, $H_1 : p > \frac{1}{2}$

(2) 実験の結果表が出る回数を X とする．

$n = 5$ の場合，H_0 が正しいとき

$$P(X = 4) = 0.156, \ P(X = 5) = 0.031$$

したがって，$X = 5$ のときのみ棄却される．$p = \frac{3}{4}$ とすると

$$P(X = 5) = 0.237$$

よって，検出力は 0.237 である．

同様に $n = 15$ の場合，H_0 が正しいとき

$$P(X \geqq 11) = 0.059, \ P(X \geqq 12) = 0.018$$

したがって，$X \geqq 12$ のとき棄却される．$p = \frac{3}{4}$ とすると

$$P(X \geqq 12) = 0.461$$

よって，検出力は 0.461 である．

(3) p 値は $p = P(X \geqq 12) = 0.018 < 0.05$ より，帰無仮説は棄却され，表が出る確率は $\frac{1}{2}$ より大きいといえる．　　　　　//

●**注**‥‥n が大きくなると検出力も大きくなる．対立仮説について特定の状況を想定して，そのときの検出力がある程度以上になるように n を決定する場合もある．

213 あるゲームでは $1, 2, 3$ の目が 2 つずつあるサイコロが使われる．このゲームで使うあるサイコロについて 1 の目が出る確率 p は $\frac{1}{3}$ より小さいのではないかという疑いが出てきた．そこでこのサイコロを 20 回投げて 1 の目が出る回数 X を観測し，有意水準 5% で仮説検定することにした．$p = \frac{1}{10}$ のときの検出力を求めよ．また，20 回投げて 1 の目が 4 回出たとして，仮説検定せよ．

例題 $N(\mu_1, \sigma_1{}^2)$, $N(\mu_2, \sigma_2{}^2)$ からそれぞれ大きさ n_1, n_2 の標本をとり，平均を $\overline{X}$, $\overline{Y}$，不偏分散を $U_1{}^2$, $U_2{}^2$ とおく．$\sigma_1{}^2 = \sigma_2{}^2$ と考えられる場合は，$\mu_1 = \mu_2$ を仮定したとき，統計量

$$T = \frac{\overline{X} - \overline{Y}}{\sqrt{U^2(1/n_1 + 1/n_2)}} \quad \left(U^2 = \frac{(n_1-1)U_1{}^2 + (n_2-1)U_2{}^2}{n_1 + n_2 - 2} \right)$$

は自由度 $n_1 + n_2 - 2$ の t 分布に従うことが知られている．

　いま，ある肥料の効果を調べるために，同一条件とみられる 11 地区に対して，5 地区は肥料を使用し，6 地区は肥料を使用しないで収穫量を測ったところ，それぞれの平均は 45.37, 41.25，不偏分散は 5.43, 4.83 であった．収穫量はそれぞれ正規分布 $N(\mu_1, \sigma^2)$, $N(\mu_2, \sigma^2)$ に従うとし，有意水準を 5 % として収穫量に違いがあるかどうかを検定せよ．

解 $H_0 : \mu_1 = \mu_2$, $H_1 : \mu_1 \neq \mu_2$ とおく．H_0 が正しいとすると

$$T = \frac{\overline{X} - \overline{Y}}{\sqrt{U^2(1/5 + 1/6)}} \quad \left(U^2 = \frac{4U_1{}^2 + 5U_2{}^2}{9} \right)$$

は自由度 9 の t 分布に従う．

実現値は $u^2 = 5.097$, $t = 3.01$ となるから，アプリを用いて p 値を求めると

$$p = 2 \times P(T \geqq 3.01) = 0.0148 < 0.05$$

または，t 分布表を用いると

$$P(T \geqq 3.0) = 0.0075, \ P(T \geqq 3.1) = 0.0064$$

$$p < 2 \times 0.0075 = 0.015 < 0.05$$

したがって H_0 は棄却され，収穫量は等しくないといえる．　　　　//

●**注**…この検定の予備検定として帰無仮説 $H_0 : \sigma_1{}^2 = \sigma_2{}^2$ の検定 (等分散検定) をすることが多い．等分散検定については 79 ページを参照せよ．

214 ある薬剤を飲むことにより，血圧（単位 mmHg）は上昇する可能性があるとされている．そのため，薬剤を飲んでいない人と，飲んだ人について測定を行ったところ，薬剤を飲んでいない人 6 人の平均と不偏分散は 127.0, 3.5，飲んだ人 7 人の平均と不偏分散は 130.0, 4.2 であった．この薬剤を飲むことによって血圧が上昇するといえるか．有意水準 5 % で検定せよ．ただし，血圧は正規分布に従うものし，母分散は等しいものとしてよい．

Plus

1——補章関連　　母平均の区間推定（母分散が既知の場合）

→教 p.130

正規母集団 $N(\mu, \sigma^2)$ から大きさ n の無作為標本を抽出し，その標本平均の実現値を $\overline{x}$ とすると，母平均 μ の信頼係数 $1 - \alpha$ の信頼区間は

$$\overline{x} - z_{\alpha/2}\sqrt{\frac{\sigma^2}{n}} \leqq \mu \leqq \overline{x} + z_{\alpha/2}\sqrt{\frac{\sigma^2}{n}}$$

で与えられる．

例題 ある池の面積を測定するために，測量士が5回面積を測定したところ平均 12.3（単位 ヘクタール）であった．この池の面積の 95 % 信頼区間を求めよ．ただし，測定値は正規分布 $N(\mu, 0.3^2)$ に従うとする．

解　分散は既知だから，$\overline{x} = 12.3$, $\sigma^2 = 0.3^2$, $z_{0.025} = 1.960$ より

$$12.3 - 1.960\sqrt{\frac{0.3^2}{5}} \leqq \mu \leqq 12.3 + 1.960\sqrt{\frac{0.3^2}{5}}$$

$$\therefore \quad 12.0 \leqq \mu \leqq 12.6 \qquad\qquad\qquad //$$

215 ある都市の無作為に抽出した 18 歳男子 30 人の身長（単位 cm）を測定したところ，その平均値が 168.1 であった．これを正規母集団 $N(\mu, 5.8^2)$ からの無作為標本とみて，その都市における平均身長 μ の 99 % 信頼区間を求めよ．

2——補章関連　　母分散の区間推定

→教 p.131

正規母集団 $N(\mu, \sigma^2)$ から大きさ n の無作為標本を抽出し，その不偏分散の実現値を u^2 とすると，母分散 σ^2 の $1 - \alpha$ 信頼区間は

$$\frac{(n-1)u^2}{\chi_{n-1}^2(\alpha/2)} \leqq \sigma^2 \leqq \frac{(n-1)u^2}{\chi_{n-1}^2(1-\alpha/2)}$$

で与えられる．

例題 ある会社で生産された大量のロープの中から 20 本を無作為抽出して，破断強度（単位 kg）を測定したところ，標本平均が 254，不偏分散が 56.0 であった．このロープの破断強度は正規分布 $N(\mu, \sigma^2)$ に従うものとして，母分散の 95 % 信頼区間を求めよ．

解　$u^2 = 56.0$, $\chi_{19}^2(0.025) = 32.852$, $\chi_{19}^2(0.975) = 8.907$ より

$$\frac{19 \cdot 56.0}{32.852} \leqq \sigma^2 \leqq \frac{19 \cdot 56.0}{8.907}$$

$$\therefore \quad 32.4 \leqq \sigma^2 \leqq 119.5 \qquad\qquad\qquad //$$

216 新しく導入した機械で作った部品から無作為に選んだ 8 個の重量（単位 kg）を測定したところ，次の値を得た．母分散 σ^2 の 95 ％信頼区間を求めよ．ただし，重量は正規分布に従うとする．

6.12　6.52　6.43　6.61　6.28　6.70　6.09　6.27

3──補章関連　　母平均の検定（母分散が既知または標本が大きい場合） →教 p.132

正規母集団 $N(\mu, \sigma^2)$ の母平均 μ について検定するとき，母分散 σ^2 が既知の場合は，検定統計量

$$Z = \frac{\overline{X} - \mu}{\sqrt{\sigma^2/n}}$$

が標準正規分布に従うことを用いる．σ^2 が未知の場合でも，標本の大きさ n が十分大きいときは

$$Z = \frac{\overline{X} - \mu}{\sqrt{U^2/n}}$$

が標準正規分布に従うと考えてよい．

例題 ある一年草 A の 6 月の上旬における高さは正規分布 $N(\mu, \sigma^2)$ に従うと考えられている．一般に母平均 μ は 15.0 cm とされているが，ある地域では母平均が異なる可能性が出てきた．そこでこの地域で 6 月上旬の 200 本の A について高さを調べたところ，標本平均 $\overline{x} = 15.6$，不偏分散 $u^2 = 3.0^2$ を得た．この地域における A の高さの母平均が 15.0 cm と異なるかどうか，有意水準 1 ％で検定せよ．

解 帰無仮説 $H_0 : \mu = 15.0$，対立仮説 $H_1 : \mu \neq 15.0$ とおく．標本の大きさは十分大きいから，H_0 が正しいとすると検定統計量

$$Z = \frac{\overline{X} - 15.0}{\sqrt{U^2/200}}$$

は標準正規分布に従う．Z の実現値 z は　$z = \dfrac{15.6 - 15.0}{\sqrt{3.0^2/200}} = 2.83$

アプリまたは正規分布表を用いて，p 値を求めると

$$p = 2 \times P(Z \geqq 2.83) = 0.0046 < 0.01$$

したがって，H_0 は棄却され，母平均は 15.0 とは異なるといえる．　　　//

217 あるメーカーがこれまで平均寿命 1500（単位 時間），標準偏差 30 に従う蛍光灯に改良を加えて，試作品から 10 本を選んでその寿命を調べたところその標本平均が 1519 であった．その寿命について，改良されたといえるか有意水準 5 ％で検定せよ．ただし，母分散は変わっていないものとする．

218 国勢調査によると，近年の男子の平均身長は，20年前と比べて全体的に高くなっている．ある県の20年前の13歳男子の平均身長は159.4（単位 cm）であったが，今年同県の無作為抽出された13歳男子100人の身長の平均は160.2，不偏分散は 5.2^2 であった．13歳男子の平均身長は，20年前より高くなったといえるか．有意水準5％で検定せよ．ただし，13歳男子の身長は正規分布に従うものとする．

4──補章関連　母分散の検定

→ 教 p.133

正規母集団 $N(\mu,\ \sigma^2)$ から大きさ n の無作為標本をとる．仮説

$$H_0 : \sigma^2 = \sigma_0{}^2 \qquad (\sigma_0 \text{ は定数})$$

が正しいと仮定すると，統計量

$$X = \frac{(n-1)U^2}{\sigma_0{}^2} \qquad (U^2 \text{ は不偏分散})$$

は自由度 $n-1$ の χ^2 分布に従う．このことを用いて検定を行う．

例題 ある正規母集団において母分散は9.0より大きいと予想されていた．この予想について有意水準5％で検定するため，この母集団から大きさ16の標本を無作為抽出したところ．不偏分散の実現値として $u^2 = 14.0$ を得た．この実現値に基づいて仮説検定せよ．

....

解　$H_0 : \sigma^2 = 9.0,\ H_1 : \sigma^2 > 9.0$ とおく．

H_0 が正しいとすると，統計量

$$X = \frac{15 \cdot U^2}{9.0}$$

は自由度15の χ^2 分布に従う．X の実現値 x は　$x = \dfrac{15 \cdot 14.0}{9.0} = 23.33$

アプリを用いて p 値を求めると

$$p = P(X \geqq 23.33) = 0.0774 > 0.05$$

または，χ^2 分布表を用いると

$$P(X \geqq 23) = 0.0841,\ P(X \geqq 24) = 0.0651$$

したがって　$p > 0.0651 > 0.05$

よって，H_0 は棄却されず，母分散が9.0より大きいとはいえない．　　//

219 平均身長167cmの正規母集団から抽出した10人の身長は次のようになった．母分散は10といってよいか．有意水準5％で検定せよ．

　　165　166　172　160　159　173　164　161　169　170

5 ── 補章関連　母平均の差の検定（標本が大きい場合）

→ 教 p.135

2 つの異なる正規母集団 $N(\mu_1, \sigma_1{}^2)$, $N(\mu_2, \sigma_2{}^2)$ から，それぞれ大きさ n_1, n_2 の標本を独立に無作為抽出し，仮説

$$H_0 : \mu_1 = \mu_2$$

を検定するとき，標本の大きさ n_1 と n_2 が十分に大きいならば

$$Z = \frac{\overline{X} - \overline{Y}}{\sqrt{U_1{}^2/n_1 + U_2{}^2/n_2}}$$

は近似的に標準正規分布に従う．

例題　ある学校の入学試験の得点は 500 点満点で毎年ほぼ正規分布に従うと言われている．この入学試験の得点について，昨年度と一昨年度で母平均に違いがあるか有意水準 1 %

	昨年度	一昨年度
受験生	200	180
標本平均	350	370
不偏分散	60^2	80^2

で検定することにした．そのため，昨年度と一昨年度の結果をまとめたところ，上の表のようになった．昨年度，一昨年度の母集団をそれぞれ $N(\mu_1, \sigma_1{}^2)$, $N(\mu_2, \sigma_2{}^2)$ とし，母平均に違いがあるかどうか仮説検定せよ．

解　$H_0 : \mu_1 = \mu_2$, $H_1 : \mu_1 \neq \mu_2$ とおく．

H_0 が正しいとすると

$$Z = \frac{\overline{X} - \overline{Y}}{\sqrt{U_1{}^2/200 + U_2{}^2/180}}$$

は近似的に標準正規分布に従う．

Z の実現値 z は

$$z = \frac{350 - 370}{\sqrt{60^2/200 + 80^2/180}} = -2.73$$

アプリまたは正規分布表を用いて，p 値を求めると

$$p = 2 \times P(Z \leqq -2.73) = 2 \times P(Z \geqq 2.73) = 0.0064 < 0.01$$

したがって，H_0 は棄却され，母平均に違いがあるといえる．　　　　//

220 2 つの異なる小学校で，新入生の男子 60 人と 80 人について身長（単位 cm）の平均と不偏分散を調べたら，平均はそれぞれ 117.2, 114.7，不偏分散はそれぞれ 30.0, 24.0 であった．2 つの小学校の平均身長に差があるといえるか．有意水準 5 % で検定せよ．

6 ── 補章関連　適合度の検定

→ 教 p.136

測定値の分布が，ある法則や条件に適合しているかどうかを検定する方法に，適合度の検定がある．ある試行において，実際に観測された度数を観測度数，期待さ

れるであろう度数を期待度数という．このとき統計量

$$X = \sum_{i=1}^{m} \frac{(観測度数 - 期待度数)^2}{期待度数} \tag{1}$$

は，すべての期待度数が大きいとき，近似的に自由度 $m-1$ の χ^2 分布に従うことが知られている．(1) の X を検定統計量として，右側検定を行う．

例題 さいころを 120 回投げたところ，各目の出た回数は次のような結果となった．どの目の出る確率も等しいといってよいか．有意水準 5 % で検定せよ．

目	1	2	3	4	5	6
回数	19	11	29	23	13	25

解 帰無仮説 H_0，対立仮説 H_1 を次のようにおく．

H_0：どの目の出る確率も $\dfrac{1}{6}$ に等しい

H_1：どの目の出る確率も $\dfrac{1}{6}$ に等しいとはいえない

統計量 X を上記の (1) 式で定義する．期待度数はすべて 20 で大きいから，X は近似的に自由度 $(6-1) = 5$ の χ^2 分布に従う．

X の実現値 x は

$$x = \frac{(19-20)^2}{20} + \frac{(11-20)^2}{20} + \cdots + \frac{(25-20)^2}{20} = 12.30$$

アプリを用いて p 値を求めると

$$p = P(X \geq 12.30) = 0.0309 < 0.05$$

または，χ^2 分布表を用いると

$$P(X \geq 12) = 0.0348, \ P(X \geq 13) = 0.0234$$

したがって　$p < 0.0348 < 0.05$

よって，H_0 は棄却され，どの目の出る確率も等しいとはいえない．　　　//

---

221 メンデルは，エンドウの交配実験において，理論的に度数分布は $9:3:3:1$ になると考えた．右の表の実験結果は，理論に適合していると考えられるか．有意水準 5 % で検定せよ．

形質	観測回数
黄・丸	319
黄・しわ	97
緑・丸	112
緑・しわ	28
計	556

222 2 枚の硬貨を 100 回投げたところ，2 枚とも表の場合が 32 回，2 枚とも裏の場合が 21 回，1 枚表 1 枚裏の場合が 47 回であった．この硬貨の表と裏の出る確率は等しくないといってよいか．有意水準 5 % で検定せよ．

7──補章関連　　独立性の検定

→ 教 p.137

母集団のもつ 2 種類以上の特性が互いに関係があるか，あるいは独立であるかを検定する方法に，独立性の検定がある．一般に，観測値は表の形にまとめられる．これを**分割表**という．分割表の行数を l，列数を m とすると，統計量

$$X = \sum_{j=1}^{l} \sum_{i=1}^{m} \frac{(観測度数 - 期待度数)^2}{期待度数} \tag{1}$$

は，すべての期待度数が大きいとき，近似的に自由度 $(l-1) \times (m-1)$ の χ^2 分布に従うことが知られている．(1) の X を検定統計量として，右側検定を行う．

例題
ある新薬を患者に用いて，病状に変化があるかどうかを調べたところ，右の表のようになった．新薬は病状に影響を及ぼすかどうかについて，有意水準 5 % で検定せよ．

病状＼新薬	回復	回復せず	計
使用	72	28	100
使用せず	58	42	100
計	130	70	200

解
帰無仮説 H_0，対立仮説 H_1 を次のようにおく．

　　　H_0：新薬は影響を及ぼさない（独立である）

　　　H_1：新薬は影響を及ぼす（独立でない）

H_0 が正しいと仮定するとき，1 行 1 列，1 行 2 列の期待度数は，それぞれ

$$200 \times \frac{100}{200} \times \frac{130}{200} = 65$$
$$200 \times \frac{100}{200} \times \frac{70}{200} = 35$$

よって，期待度数の分割表は右の表のようになる．

病状＼新薬	回復	回復せず	計
使用	65	35	100
使用せず	65	35	100
計	130	70	200

統計量 X を上記の (1) 式で定義する．すべての期待度数が大きいから，X は近似的に自由度 $(2-1) \times (2-1) = 1$ の χ^2 分布に従う．

X の実現値 x は

$$x = \frac{(72-65)^2}{65} + \frac{(28-35)^2}{35} + \frac{(58-65)^2}{65} + \frac{(42-35)^2}{35} = 4.31$$

アプリを用いて p 値を求めると

$$p = P(X \geqq 4.31) = 0.0379 < 0.05$$

または，χ^2 分布表を用いると

$$P(X \geqq 4) = 0.0455, \quad P(X \geqq 5) = 0.0253$$

したがって　$p < 0.0455 < 0.05$

よって，H_0 は棄却され，影響を及ぼすといえる． //

223 3 つのクラス A, B, C の試験に合格
　　　した学生と不合格になった学生の人
　　　数を調べたところ, 右の表のように
　　　なった. クラスによる合否の違いが
　　　あるか. 有意水準 5 % で検定せよ.

クラス 試験	A	B	C	計
合格	38	32	42	112
不合格	10	16	6	32
計	48	48	48	144

8──補章関連　棄却域による検定

→ 教 p.140

　有意水準によって, 帰無仮説を棄却すべき検定統計量の範囲を設定し, その範囲
に検定統計量の実現値が入るかどうかを調べる. 入れば帰無仮説は棄却され, 入ら
なければ受容される.

　帰無仮説が棄却される範囲を棄却域といい, 棄却域は帰無仮説の下で検定統計量
がそこに入る確率が有意水準と一致するように定められる.

例題　ある工場で製造されるスチールボールの直径の規格は 13mm となっている.
　　　いま検査のため 80 個を無作為抽出してその直径を測定したところ, 平均 12.975
　　　（単位 mm）, 不偏分散 0.11^2 であった. このスチールボールの直径の平均は 13
　　　であるといってよいか. 有意水準 5 % で検定せよ.
....
解　帰無仮説 H_0, 対立仮説 H_1 を次のようにおく.

　　　　　H_0 : 直径の平均は 13 に等しい

　　　　　H_1 : 直径の平均は 13 に等しくない

　標本の大きさ 80 は大きいから, 統計量

$$Z = \frac{\overline{X} - \mu}{\sqrt{U^2/n}}$$

は近似的に標準正規分布に従うと考えてよい.

　逆正規分布表より, 有意水準 5 % の棄却域は

　　　　　$Z < -1.9600$　　または　　$1.9600 < Z$

Z の実現値 z は

$$z = \frac{12.975 - 13}{\sqrt{0.11^2/80}} = -2.0328$$

この値は棄却域に入るから, 帰無仮説 H_0 は棄却される. したがって, 直径の平
均は 13 とはいえない.　　　　　　　　　　　　　　　　　　　　　　　　　　//

224 例題の標本平均, 不偏分散が標本の大きさ 12 の場合の結果であるとする. この
　　　とき, スチールボールの直径の平均は 13 であるといってよいか. 正規母集団を
　　　仮定して, 有意水準 5 % で検定せよ.

9──等分散の検定

2 つの異なる正規母集団 $N(\mu_1,\ \sigma_1{}^2)$, $N(\mu_2,\ \sigma_2{}^2)$ から，それぞれ大きさ n_1, n_2 の標本を独立に無作為抽出する．仮説

$$H_0 : \sigma_1{}^2 = \sigma_2{}^2$$

が正しいと仮定すると，統計量

$$F = \frac{U_1^2}{U_2^2},\ F' = \frac{U_2^2}{U_1^2}$$

はそれぞれ自由度 $(n_1 - 1, n_2 - 1)$, $(n_2 - 1, n_1 - 1)$ の F 分布に従う．このことを用いて検定を行う．

例題 ある肥料の効果を調べるために，同一条件とみられる 11 地区に対して，5 地区は肥料を使用し，6 地区は肥料を使用しないで収穫量を測ったところ，それぞれの平均は 45.37, 41.25，不偏分散は 5.43, 4.83 であった．収穫量は正規分布 $N(\mu_1,\ \sigma_1{}^2)$, $N(\mu_2,\ \sigma_2{}^2)$ に従うとし，有意水準を 5% として $\sigma_1{}^2 = \sigma_2{}^2$ を検定せよ．

解 $H_0 : \sigma_1{}^2 = \sigma_2{}^2$, $H_1 : \sigma_1{}^2 \neq \sigma_2{}^2$ とおく．

H_0 が正しいとすると，$F = \dfrac{U_1{}^2}{U_2{}^2}$ は自由度 $(4, 5)$ の F 分布に従う．

F の実現値 f は　$f = \dfrac{5.43}{4.83} = 1.124$

アプリを用いて p 値を求めると　$p = 2 \times P(F \geqq 1.124) = 0.8786 > 0.05$

または，逆 F 分布表を用いると，$F_{4,5}(0.025) = 7.388$ だから

$$P(F \geqq 7.388) = 0.025$$

したがって　$p = 2 \times P(F \geqq 1.124) > 2 \times P(F \geqq 7.388) = 0.05$

よって，H_0 は受容される．　　　　　　　　　　　　　　　//

225 2 つの異なる正規母集団 A : $N(\mu_1,\ \sigma_1{}^2)$, B : $N(\mu_2,\ \sigma_2{}^2)$ についてそれぞれ大きさ 10, 12 の無作為標本をとり，母分散が等しいかどうか調べることにした．A, B の不偏分散 $U_1{}^2$, $U_2{}^2$ の実現値が $u_1{}^2 = 3.26$, $u_2{}^2 = 12.29$ であったとき，仮説 $H_0 : \sigma_1{}^2 = \sigma_2{}^2$ を有意水準 5% で検定せよ．

10──分散分析法

3 羽の鳥 A, B, C がある単位期間に産む卵の個数を計測したところ，右の表のようになった．この表をもとに，3 羽の鳥の産む卵の個数に差があるかどうかを検定するために，全体の誤差と列内および列間における差に着目して分析する方法がある．これを**分散分析**

A	B	C
10	15	8
8	14	9
11	19	13
14	18	6
12	15	
5		

という.

一般に，列の数を k，全体のデータ数を N，各列のデータ数を n_1, n_2, $\cdots$, n_k とおく．上の例では

$$k = 3,\ N = 15,\ n_1 = 6,\ n_2 = 5,\ n_3 = 4$$

である．さらに，全データの平均を M，各列の平均を m_1, m_2, $\cdots$, m_k とおく．

i 番目の列のデータを x_{i1}, x_{i2}, $\cdots$, x_{in_i}，平均を m_i とするとき

$$\sum_{j=1}^{n_i}(x_{ij} - m_i)^2 = (n_i - 1)u_i{}^2 \quad (u_i^2 \text{ は不偏分散}) \tag{1}$$

をその列の偏差平方和という．また，すべての列の偏差平方和の和を誤差変動といい，S_E で表す．S_E は列内の偶然的なばらつきを表すといってよい．

S_E に対して

$$S_A = \sum_{i=1}^{k} n_i(m_i - M)^2 \tag{2}$$

を列間変動という．S_A は，各列のデータがすべて平均 m_i であるとしたときの偏差平方和であり，列間のばらつきを表すと考えられる．また，全体の偏差平方和を S_T とすると

$$S_T = \sum_{i=1}^{k}\left(\sum_{j=1}^{n_i}(x_{ij} - M)^2\right) = (N-1)u^2 \quad (u^2\text{は全データの不偏分散})$$

であり，$S_T = S_A + S_E$ が成り立つ．

このとき，母集団についてのいくつかの仮定のもとに

$$F = \frac{S_A/(k-1)}{S_E/(N-k)} \tag{3}$$

は自由度 $(k-1,\ N-k)$ の F 分布に従うことが知られている．(3) の F を検定統計量として，右側検定を行えばよい．

....

例題 上の例について，3 羽の鳥の産む卵の個数に差があるといえるかどうかを有意水準 5 ％で検定せよ．

....

解 帰無仮説 H_0，対立仮説 H_1 を次のようにおく．

H_0 : A, B, C の 3 羽に差はない

H_1 : A, B, C の 3 羽に差がある

全データの平均 M と各列の平均 m_1, m_2, m_3 は

$$M = 11.8,\ m_1 = 10.0,\ m_2 = 16.2,\ m_3 = 9.0$$

また，各列の不偏分散は

$$10.000,\ 4.700,\ 8.667$$

したがって

$$S_E = 5 \times 10.000 + 4 \times 4.700 + 3 \times 8.667 = 94.80$$

$$S_A = 6(10.0 - 11.8)^2 + 5(16.2 - 11.8)^2 + 4(9.0 - 11.8)^2 = 147.6$$

実現値は

$$f = \frac{S_A/(3-1)}{S_E/(15-3)} = 9.34$$

まとめると右の表が得られる.

	平方和	自由度	不偏分散	分散比
S_A	147.6	2	73.8	9.34
S_E	94.8	12	7.9	
S_T	242.4	14		

自由度 $(2, 12)$ の F 分布より,
アプリを用いて p 値を求めると

$$p = P(F \geqq 9.34) = 0.0036 < 0.05$$

したがって, H_0 は棄却され, A, B, C の産む卵の個数に差があるといえる. //

●注···· 解答の表を**分散分析表**という.

226 $S_T = S_A + S_E$ を証明せよ.

227 右の表は, A, B, C の 3 人が数学の試験を受けた結果
である. 3 人に数学の学力差があるといえるか. 有意
水準 5 % で検定せよ.

A	B	C
67	52	58
58	46	65
65	58	73
72	63	

11──いろいろな問題

228 母平均 μ の母集団から大きさ n の標本 $X_1, X_2, \cdots, X_n$ を抽出するとき, 次
の問いに答えよ.

(1) 標本平均 $\overline{X}$ は母平均 μ の不偏推定量であることを証明せよ.

(2) 不偏分散 U^2 は母分散 σ^2 の不偏推定量であることを証明せよ.

(1) $E[\overline{X}]$ を求めよ.

(2) $X_i - \overline{X}$
$= (X_i - \mu) - (\overline{X} - \mu)$
の変形を用いよ.

229 外見が同じ 2 つの袋 A, B があり, A には白球 4 個と黒球 1 個, B には白球 2
個と黒球 3 個が入っている. 一方の袋を無作為に選び, 復元抽出で 3 回取り出
すとき, 白球が 2 回以上出れば, 選んだ袋は A であると判定する. 帰無仮説を
「H_0：選んだ袋は A である」としたとき, 第 1 種の誤りと第 2 種の誤りを犯す
のはどんな場合か. また, それぞれの誤りを犯す確率を求めよ.

解答

1章 確率

1 確率の定義と性質

Basic

1 $P(A) = \dfrac{1}{13}$　　$P(B) = \dfrac{8}{13}$　　$P(C) = \dfrac{3}{52}$

2 (1) $\dfrac{1}{16}$　　　　　　(2) $\dfrac{1}{4}$

3 $\dfrac{1}{3}$

4 (1) $\dfrac{1}{9}$　　　　　　(2) $\dfrac{1}{12}$

5 (1) $\dfrac{1}{14}$　　(2) $\dfrac{1}{14}$　　(3) $\dfrac{3}{7}$

6 (1) $\dfrac{1}{14}$　　　　　　(2) $\dfrac{3}{56}$

7 $\dfrac{5}{54}$

8 0.46

9 (1) $A \cap B$　大きいさいころの目が奇数, 小さい
　　　　　　さいころの目が奇数である事象

　　　$\overline{B}$　出る目の和が奇数である事象

　　　$\overline{A} \cap B$　大きいさいころの目が偶数, 小さい
　　　　　　さいころの目が偶数である事象

　　　$A \cup \overline{B}$　大きいさいころの目が奇数または
　　　　　　出る目の和が奇数

　　(2) 例えば, 大きいさいころの目が偶数, 小さいさ
　　　　いころの目が奇数である事象

10 (1) $\dfrac{63}{221}$　　(2) $\dfrac{32}{663}$　　(3) $\dfrac{1}{3}$

11 (1) $\dfrac{11}{221}$　　　　·(2) $\dfrac{210}{221}$

12 (1) $\dfrac{3}{5}$　　(2) $\dfrac{4}{5}$　　(3) $\dfrac{9}{10}$

13 (1) $\dfrac{3}{2}$　　　　　(2) $\dfrac{35}{18}$

14 75 円

15 (1) $\dfrac{8}{45}$　　(2) $\dfrac{4}{45}$　　(3) $\dfrac{11}{3}$

Check

16 (1) $\dfrac{4}{9}$　　　　　(2) $\dfrac{1}{3}$　　　$\Rightarrow$ 1

17 (1) $\dfrac{1}{9}$　　　　　(2) $\dfrac{1}{6}$　　　$\Rightarrow$ 2,3,4

18 (1) $\dfrac{1}{114}$　　　　(2) $\dfrac{5}{38}$　　　$\Rightarrow$ 5

19 $\dfrac{4}{9}$　　　　　　　　　　　　$\Rightarrow$ 6,7

20 $\dfrac{43}{91}$　　　　　　　　　　　　$\Rightarrow$ 10

21 (1) $\dfrac{5}{33}$　　　　(2) $\dfrac{98}{99}$　　　$\Rightarrow$ 10,11

22 (1) $\dfrac{4}{25}$　　(2) $\dfrac{67}{100}$　　(3) $\dfrac{83}{100}$
　　　　　　　　　　　　　　　　　$\Rightarrow$ 12

23 90 円　　　　　　　　　　　　$\Rightarrow$ 14

24 (1) $\dfrac{1}{4}$　　　　　(2) $\dfrac{14}{9}$　　　$\Rightarrow$ 15

Step up

25 相加平均と相乗平均の関係より

$$\frac{P(A) + P(B)}{2} \geqq \sqrt{P(A)P(B)} > \sqrt{\frac{1}{4}} = \frac{1}{2}$$

これより $P(A) + P(B) > 1$

したがって A, B は互いに排反ではない.

26 (1) 1　　　　　　(2) $p(1-p)(2-p)$

27 (1) $p_n = 1 - \dfrac{{}_{365}\mathrm{P}_n}{365^n} = 1 - \dfrac{365!}{365^n \cdot (365-n)!}$

　　(2) $p_5 = 1 - \dfrac{364}{365} \cdot \dfrac{363}{365} \cdot \dfrac{362}{365} \cdot \dfrac{361}{365}$

　　　　$= 0.0271$

　　（40 人のクラスの場合は　$p_{40} = 0.891$）

28 $p_n = \dfrac{3^n - 3 \cdot 2^n + 6}{3^n}$

29 (1) 2 枚目が偶数であることを用いよ.　$\dfrac{4}{9}$

　　(2) 1 枚目が 3 の倍数のときは 2 枚目が 2 通りで,

　　　　それ以外のときは 2 枚目が 3 通りだから

$$\frac{3 \cdot 2 + 6 \cdot 3}{9 \cdot 8} = \frac{1}{3}$$

　　(3) 作られる $9 \cdot 8 = 72$ 個の数字の総和を考える

と，十の位にも一の位にも，それぞれの数字が

8 回ずつ現れるから，求める期待値は

$$\frac{(1+\cdots+9)\cdot(10\cdot8+1\cdot8)}{9\cdot8}=55$$

30 (1) 白玉だけ並べる並べ方が 4! 通りで，赤玉をその

間に入れるから $\dfrac{4!\cdot5\cdot4\cdot3}{7!}=\dfrac{2}{7}$

(2) 赤玉 3 個をまとめて 1 個と考えると 5! 通りで，

赤玉の並べ方が 3! 通りだから $\dfrac{5!\cdot3!}{7!}=\dfrac{1}{7}$

31 8 人が円形に並ぶ総数は，(8−1)! 通りである．

(1) 4 組の親子が円形に並ぶ総数が (4−1)! 通りで，

各親子の順番が 2^4 通りだから

$$\frac{(4-1)!\cdot2^4}{(8-1)!}=\frac{2}{105}$$

(2) (1) の余事象だから $1-\dfrac{2}{105}=\dfrac{103}{105}$

(3) 大人 4 名が円形に並ぶ総数が (4−1)! 通りで，

その間に子供が 1 人ずつ入るから

$$\frac{(4-1)!\cdot4!}{(8-1)!}=\frac{1}{35}$$

(4) (1) の事象を A，(3) の事象を B とする．

$$P(\overline{A}\cup\overline{B})=P(\overline{A\cap B})=1-P(A\cap B)$$
$$=1-\frac{(4-1)!\cdot2}{(8-1)!}=\frac{419}{420}$$

32 (1) $\dfrac{4}{{}_8C_2}=\dfrac{1}{7}$ (2) $\dfrac{4\cdot6}{{}_8C_3}=\dfrac{3}{7}$

(3) 直角三角形でない二等辺三角形は $2\cdot8$ 通りだ

から $1-\dfrac{4\cdot6+2\cdot8}{{}_8C_3}=\dfrac{2}{7}$

(4) $\dfrac{2}{{}_8C_4}=\dfrac{1}{35}$

(5) 平行な辺の 1 つが隣り合う 2 点を結ぶ線分

 8 通り   8 通り   4 通り

平行な辺の 1 つが 1 点を挟んだ 2 点を結ぶ線分

 8 通り 2 通り

$$\frac{8+8+4+8+2}{{}_8C_4}=\frac{3}{7}$$

33 正十二角形の各頂点は同一円周上にある．

(1) $\dfrac{4}{{}_{12}C_3}=\dfrac{1}{55}$

 4 通り

(2) 1 辺は円の直径になる．直径は 6 本あり，それ

ぞれに対して 10 通りの三角形がある．

$$\frac{6\cdot10}{{}_{12}C_3}=\frac{3}{11}$$

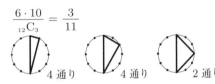 4 通り 4 通り 2 通り

(3) 1 点を頂点とする二等辺三角形で正三角形でな

いものは 4 個ある．$\dfrac{4+4\cdot12}{{}_{12}C_3}=\dfrac{13}{55}$

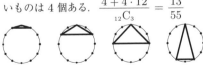

34 2 枚のカードの組を $(j,\ k)$ と書く．

(1) $x=k$ となるのは

$$(1,\ k-1),\ (2,\ k-2),\ \cdots,\ (k-1,\ 1)$$

の $k-1$ 通りあることを用いよ．$\dfrac{k-1}{n^2}$

(2) $x=n+k$ となるのは

$$(k,\ n),\ (k+1,\ n-1),\ \cdots,\ (n,\ k)$$

の $n-k+1$ 通りあることを用いよ．$\dfrac{n-k+1}{n^2}$

❷ **いろいろな確率**

Basic ●

35 $P_A(B)=\dfrac{1}{3}$ $P_B(A)=\dfrac{1}{6}$

36 (1) $\dfrac{1}{2}$ (2) $\dfrac{1}{6}$ (3) $\dfrac{1}{12}$

37 (1) $\dfrac{3}{25}$ (2) $\dfrac{28}{125}$ (3) $\dfrac{7}{125}$

38 (1) $\dfrac{1}{5}$ (2) $\dfrac{1}{5}$ (3) $\dfrac{1}{285}$ (4) $\dfrac{8}{285}$

(5) $\dfrac{1}{5}$

39 (1) 順に，互いに独立である，互いに独立でない．

(2) A と B 互いに独立でない．

B と C 互いに独立である．

C と A 互いに独立である．

40 (1) $\dfrac{2}{15}$ (2) $\dfrac{3}{5}$

41 (1) $\dfrac{4}{9}$ (2) $\dfrac{15}{28}$

42 (1) $\dfrac{5}{324}$　　(2) $\dfrac{21}{128}$　　(3) $\dfrac{36}{125}$

43 (1) $\dfrac{1}{72}$　　(2) $\dfrac{1}{8}$　　(3) $\dfrac{7}{8}$

　　(4) $\dfrac{1}{2}$　　(5) $\dfrac{25}{216}$　　(6) $\dfrac{5}{108}$

Check

44 (1) $\dfrac{1}{2}$　(2) $\dfrac{8}{25}$　(3) $\dfrac{1}{4}$　(4) $\dfrac{1}{25}$

⇒35,36

45 (1) $\dfrac{9}{10}$　(2) $\dfrac{1}{5}$　(3) $\dfrac{3}{5}$　(4) $\dfrac{9}{10}$

⇒38

46 (1) 互いに独立である.

　　(2) 互いに独立でない.

　　(3) 互いに独立でない. ⇒39

47 (1) $\dfrac{9}{64}$　　　　(2) $\dfrac{3}{28}$　　⇒41

48 (1) $\dfrac{1}{2}$　　　　(2) $\dfrac{31}{32}$　　⇒42

49 (1) $\dfrac{2}{27}$　　　　(2) $\dfrac{34}{81}$　　⇒43

Step up

50 $\dfrac{2}{5}$

51 $\dfrac{4}{15}$

52 (1) $\dfrac{3}{4000000}$　(2) $\dfrac{1091}{4000000}$　(3) $\dfrac{118903}{4000000}$

53 0.5

54 $\dfrac{b}{a}$

55 $P(A) = \dfrac{1}{2}$, $P(B) = \dfrac{3}{4}$, $P(A \cap B) = \dfrac{1}{2}$

　　$\therefore$　$P(A)P(B) \neq P(A \cap B)$

56 (1) 互いに独立である.

　　(2) 互いに独立でない.

57 (1) 互いに独立でない.

　　(2) 互いに独立である.

　　(3) $P(A)P(B) = P(A \cap B)$ から

　　　$\dfrac{21}{36} \cdot \dfrac{m+n}{36} = \dfrac{m}{36}$, $m \leqq 21$, $n \leqq 15$

$5m = 7n$ となるから, (m, n) の組は

　　$(7, 5)$, $(14, 10)$, $(21, 15)$

58 $\dfrac{2}{5}$

59 (1) $\dfrac{3}{8}$　　　　　　(2) $\dfrac{3}{16}$

Plus

1　数列を用いた確率の計算

60 (1) $\dfrac{1}{9}$

　　(2) $P(n) = \dfrac{1}{9} \cdot \left(\dfrac{8}{9}\right)^{n-1}$

　　(3) n 回目まで終了しない確率は $\left(\dfrac{8}{9}\right)^{n}$ だから n 回目までに終了している確率は　$1 - \left(\dfrac{8}{9}\right)^{n}$

　　(4) $1 - \left(\dfrac{8}{9}\right)^{n} \geqq \dfrac{1}{2}$　$\therefore$　$\dfrac{1}{2} \geqq \left(\dfrac{8}{9}\right)^{n}$

　　両辺の常用対数をとって考えよ.　6 回

　　(5) $S_N = \displaystyle\sum_{n=1}^{N} nP(n)$ として, $S_N - \dfrac{8}{9}S_N$ を計算

　　せよ.

　　　$\displaystyle\sum_{n=1}^{N} nP(n) = 9\left\{1 - \left(\dfrac{8}{9}\right)^{N}\right\} - N\left(\dfrac{8}{9}\right)^{N}$

　　(6) $\displaystyle\sum_{n=1}^{\infty} nP(n) = 9$

61 Aの袋に白玉が入っている場合, $\dfrac{{}_5\mathrm{C}_2}{{}_6\mathrm{C}_2} = \dfrac{2}{3}$ の確率でAの袋に白玉が残り, Bの袋に白玉が入っている場合, $\dfrac{1 \cdot {}_3\mathrm{C}_1}{{}_4\mathrm{C}_2} = \dfrac{1}{2}$ の確率でAの袋に白玉が移るから　$a_{n+1} = a_n \times \dfrac{2}{3} + (1 - a_n) \times \dfrac{1}{2}$, $a_1 = \dfrac{2}{3}$ これを変形して　$a_{n+1} - \dfrac{3}{5} = \dfrac{1}{6}\left(a_n - \dfrac{3}{5}\right)$ よって　$a_n = \dfrac{1}{15 \cdot 6^{n-1}} + \dfrac{3}{5}$

62 n 枚の和が偶数の場合, もう 1 枚が偶数とすると $n+1$ 枚の和が偶数になり, n 枚の和が奇数の場合, もう 1 枚が奇数とすると $n+1$ 枚の和が偶数になる. 偶数を引く確率が $\dfrac{1}{3}$, 奇数を引く確率が $\dfrac{2}{3}$ となるから $a_{n+1} = a_n \times \dfrac{1}{3} + (1 - a_n) \times \dfrac{2}{3}$, $a_1 = \dfrac{1}{3}$ これを変形して　$a_{n+1} - \dfrac{1}{2} = -\dfrac{1}{3}\left(a_n - \dfrac{1}{2}\right)$ よって　$a_n = \dfrac{1}{2}\left\{1 + \left(-\dfrac{1}{3}\right)^{n}\right\}$

63 (1) $\dfrac{8}{33} = 0.\dot{2}\dot{4}$ だから，1回目が0または1の目であれば条件を満たし，1回目が2の目のときは2回目が0から4の目であれば条件を満たす．それ以外は条件を満たさないから
$$p_2 = \dfrac{2}{8} + \dfrac{1}{8} \times \dfrac{5}{8} = \dfrac{21}{64}$$

(2) $x_{n-2} < \dfrac{8}{33}$ であり，$x_{n-2} = 0.2424\cdots24$ 以外のときは，$(n-1)$回目とn回目にどの数字が出ても $x_n < \dfrac{8}{33}$ を満たす．$(n-2)$回目まで $0.242424\cdots24$ と24の繰り返しで，$x_n < \dfrac{8}{33}$ となるということは，上の(1)と同じことだから，以上のことより
$$p_n = \left\{ p_{n-2} - \left(\dfrac{1}{8}\right)^{n-2} \right\} + \dfrac{21}{64}\left(\dfrac{1}{8}\right)^{n-2}$$
$$= p_{n-2} - 43\left(\dfrac{1}{8}\right)^n$$

(3) n は4以上の偶数だから，$n = 2m$ として(2)の結果から
$$p_{2m} - p_{2m-2} = -43 \times \left(\dfrac{1}{8}\right)^{2m}$$
よって
$$\sum_{k=2}^{m} \{ p_{2k} - p_{2(k-1)} \}$$
$$= \sum_{k=2}^{m} \left\{ -43 \times \left(\dfrac{1}{8}\right)^{2k} \right\}$$
$$\therefore \quad p_{2m} - p_2$$
$$= -43 \times \left(\dfrac{1}{8}\right)^4 \cdot \dfrac{1 - \left(\dfrac{1}{8}\right)^{2m-2}}{1 - \left(\dfrac{1}{8}\right)^2}$$
$$= -\dfrac{43}{63}\left\{ \dfrac{1}{64} - \left(\dfrac{1}{8}\right)^{2m} \right\}$$
(1) の結果を代入して
$$p_n = \dfrac{20}{63} + \dfrac{43}{63}\left(\dfrac{1}{8}\right)^n$$

別解 (2) を次のように考えることもできる．

1回目が0または1の目のとき，及び1回目が2の目で2回目が0から3の目のときは常に条件を満たす．1回目の目が2，2回目の目が4であるときは $x_n < 0.24\dot{2}\dot{4}$ であれば条件を満たす．したがって
$$p_n = \dfrac{2}{8} + \dfrac{1}{8} \times \dfrac{4}{8} + \dfrac{1}{8} \times \dfrac{1}{8} \times p_{n-2}$$

が成り立つ．すなわち
$$p_n = \dfrac{5}{16} + \left(\dfrac{1}{8}\right)^2 p_{n-2}$$
である．

64 (1) $P(F_n) = {}_{100}\mathrm{C}_n \left(\dfrac{1}{6}\right)^n \left(\dfrac{5}{6}\right)^{100-n}$

(2) $\dfrac{P(F_{n+1})}{P(F_n)} = \dfrac{100-n}{5(n+1)}$

よって，$P(F_n)$ が最大になるのは $n = 16$

2 補章関連

65 $\dfrac{21}{43}$

66 (1) $\dfrac{41}{75}$ (2) $\dfrac{5}{41}$

67 (1) $\dfrac{3}{5}$ (2) $\dfrac{1}{10}$

68 A, B, C の検査で陽性を示す事象を A, B, C, この病気にかかっていない事象を D とする．

(1) $P(A)P_A(D) + P(B)P_B(D) + P(C)P_C(D)$
$$= \dfrac{5}{18} \cdot \dfrac{2}{100} + \dfrac{6}{18} \cdot \dfrac{3}{100} + \dfrac{7}{18} \cdot \dfrac{4}{100}$$
$$= \dfrac{7}{225}$$

(2) $\dfrac{9}{28}$

3 いろいろな問題

69 (1) 1枚だけ表の場合と1枚だけ裏の場合を考え
$$\dfrac{{}_n\mathrm{C}_1 \times 2}{2^n} = \dfrac{n}{2^{n-1}}$$

(2) $\left(1 - \dfrac{n}{2^{n-1}}\right)^{k-1} \cdot \dfrac{n}{2^{n-1}}$

(3) k 回で終了しない確率は $\left(1 - \dfrac{n}{2^{n-1}}\right)^k$
よって求める確率は $1 - \left(1 - \dfrac{n}{2^{n-1}}\right)^k$

(4) 求める期待値は
$$\sum_{k=1}^{\infty} k \left(1 - \dfrac{n}{2^{n-1}}\right)^{k-1} \dfrac{n}{2^{n-1}}$$
第 N 部分和を S_N とし
$$S_N - \left(1 - \dfrac{n}{2^{n-1}}\right) S_N$$
を計算し，$N \to \infty$ とせよ． $\dfrac{2^{n-1}}{n}$

70 (1) $P_2 = pP_3 + (1-p)P_1$

$P_1 = pP_2$, $P_3 = p + (1-p)P_2$ だから

$P_2 = p(p + (1-p)P_2) + (1-p)pP_2$

これより $P_2 = \dfrac{p^2}{1 - 2p + 2p^2}$

(2) $P_0 = 0$, $P_n = 1$ とすると, $k = 1$, $n-1$ に対

しても $P_k = pP_{k+1} + (1-p)P_{k-1}$ の関係は成

り立つ. $P_k = \dfrac{1}{2}P_{k+1} + \dfrac{1}{2}P_{k-1}$ より

$P_{k+1} - 2P_k + P_{k-1} = 0$ となるから

$P_{k+1} - P_k = P_k - P_{k-1}$

$\qquad = \cdots = P_1 - P_0 = P_1$

これより $P_k = P_1 + (k-1)P_1 = kP_1$

特に $1 = P_n = nP_1$ だから $P_1 = \dfrac{1}{n}$

$\therefore\quad P_k = kP_1 = \dfrac{k}{n}$

(3) $n = k + 2$ だから, 6 ラウンド以内に勝利する

場合, そのラウンド数は $2, 4, 6$ のいずれかであ

る.

(i) 2 ラウンドで勝利するとき

2 連続で表が出る確率だから $\left(\dfrac{1}{3}\right)^2 = \dfrac{1}{9}$

(ii) 4 ラウンドで勝利するとき

表裏が 1 回ずつ出たあと, 2 連続で表が出る確

率だから $2 \cdot \dfrac{1}{3} \cdot \dfrac{2}{3} \cdot \left(\dfrac{1}{3}\right)^2 = \dfrac{4}{81}$

(iii) 6 ラウンドで勝利するとき

表裏が 2 回ずつ出たあと, 2 連続で表が出る場

合だが, 表裏が 2 回ずつ出る ${}_4C_2 = 6$ 通りの

内, 表表裏裏については, 2 ラウンドで勝利と

なってしまうため, 5 通りになる.

確率は $5 \cdot \left(\dfrac{1}{3}\right)^2 \cdot \left(\dfrac{2}{3}\right)^2 \cdot \left(\dfrac{1}{3}\right)^2 = \dfrac{20}{729}$

(i), (ii), (iii) は互いに排反だから, 求める確

率は $\dfrac{1}{9} + \dfrac{4}{81} + \dfrac{20}{729} = \dfrac{137}{729}$

71 (1) $P(A \cap B \cap E) = P(B \cap E)P_{B \cap E}(A)$

$\qquad = P(B)P(E)P_{B \cap E}(A)$

$\qquad = 0.2 \times 0.1 \times 0.9 = 0.018$

$P(A \cap B \cap \overline{E}) = P(B \cap \overline{E})P_{B \cap \overline{E}}(A)$

$\qquad = P(B)P(\overline{E})P_{B \cap \overline{E}}(A)$

$\qquad = 0.2 \times 0.9 \times 0.7 = 0.126$

$P(A \cap B) = P(A \cap B \cap E) + P(A \cap B \cap \overline{E})$

$\qquad = 0.018 + 0.126 = 0.144$

$\therefore\quad P_A(B) = \dfrac{P(A \cap B)}{P(A)} = \dfrac{0.144}{0.36} = 0.4$

(2) $P(A \cap \overline{B} \cap E) = P(\overline{B} \cap E)P_{\overline{B} \cap E}(A)$

$\qquad = P(\overline{B})P(E)P_{\overline{B} \cap E}(A)$

$\qquad = 0.8 \times 0.1 \times 0.9 = 0.072$

$P(A \cap \overline{B} \cap \overline{E})$

$\qquad = P(A) - P(A \cap B \cap E)$

$\qquad\quad - P(A \cap B \cap \overline{E}) - P(A \cap \overline{B} \cap E)$

$\qquad = 0.36 - 0.018 - 0.126 - 0.072$

$\qquad = 0.144$

$\therefore\quad P_{\overline{B} \cap \overline{E}}(A) = \dfrac{0.144}{0.8 \times 0.9} = 0.2$

2章 データの整理

1 1次元のデータ

Basic

72

階級値	(度数)	累積度数	累積相対度数
164	(5)	5	0.125
168	(8)	13	0.325
172	(12)	25	0.625
176	(6)	31	0.775
180	(5)	36	0.900
184	(4)	40	1.000

73

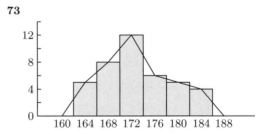

74 $\overline{x} = \dfrac{164 \times 5 + \cdots + 184 \times 4}{40} = 173.0$

75 u のデータは -12 $\quad 11$ $\quad -4$ $\quad 15$ $\quad 18$ $\quad -18$ $\quad 16$

$\overline{x} = 0.01\overline{u} + 30 = 0.01 \times 3.7 + 30 = 30.04$

76 (1) $\overline{x} = 4.7$　中央値 4.5

(2) $\overline{x} = 6$　中央値 5

77 最頻値 62.5 中央値の階級 55 ～ 60

78 範囲 6　$\overline{x} = 5.25$　$s_x = 1.876$

79 $\overline{x} = 20.65$　$s_x = 2.802$

80 $\overline{x} = 159.36$　$s_x = 6.098$

Check

81 (1)

階級値	(度数)	累積度数	累積相対度数
157.5	(1)	1	0.025
162.5	(5)	6	0.150
167.5	(11)	17	0.425
172.5	(14)	31	0.775
177.5	(7)	38	0.950
182.5	(2)	40	1.000

(2)

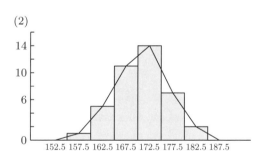

(3) $\overline{x} = 170.9$ ⇒72,73,74

82 (1) 順に 5　2　5　4　6　5　3　2　$\overline{u} = 4$

(2) $\overline{x} = 0.01\overline{u} + 7.4 = 7.44$ ⇒75

83 (1) $\overline{x} = 26.1$　中央値 26.5

(2) 範囲 10　$v_x = 8.89$　$s_x = 2.982$

⇒76,78,79

84 (1) $\overline{x} = 17.6$　中央値 18.3

(2) 範囲 23.8　$v_x = 71.13$　$s_x = 8.434$

⇒76,78,79

85 (1) 最頻値　172.5

(2) 中央値の階級　170 ～ 175

(3) $v_x = 31.73$　$s_x = 5.633$ ⇒77,80

86 $\overline{x} = 49.1$　$s_x = 14.891$ ⇒80

Step up

87 (1) 順に 7　1　3　16　8　3　10　1　11

6　13　5　18　16　0　11　3　9

(2) スタージェスの公式に $n = 18$ を代入して

$$k = 1 + \frac{\log_{10} 18}{\log_{10} 2} \fallingdotseq 5.17$$

したがって，階級の数は 5 とする．また，範囲を階級の数で割って

$$\frac{18 - 0}{5} = 3.6$$

したがって，階級の幅は 4 とする．

階級	階級値	度数
0 以上 4 未満	2	6
4 以上 8 未満	6	3
8 以上 12 未満	10	5
12 以上 16 未満	14	1
16 以上 20 未満	18	3
計		18

(3)

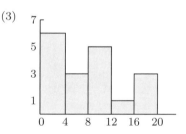

88 5 歳 0.032　17 歳 0.024

89 数学 0.311　英語 0.261

2 **2 次元のデータ**

Basic

90 $r = -0.901$

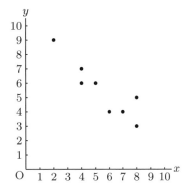

91 $r = 0.955$

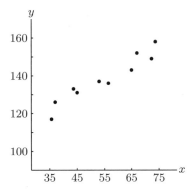

92 (1) $y = 1.12x - 0.82$

(2) (1) に $x = 35$ を代入すると 38.38

したがって 38 個

93 $y = 1.27x + 10.40$

94 (1) $y = 0.29x - 23.43$

(2) (1) に $x = 180$ を代入すると 28.77

したがって 29.0 cm

Check

95

x_i	y_i	x_i^2	y_i^2	x_iy_i
1	4	1	16	4
10	9	100	81	90
7	7	49	49	49
6	8	36	64	48
8	9	64	81	72
9	8	81	64	72
2	5	4	25	10
3	7	9	49	21
8	10	64	100	80
7	6	49	36	42
合計 61	73	457	565	488

(1) $\overline{x} = 6.1$ $\overline{y} = 7.3$

(2) $\overline{x^2} = 45.7$ $\overline{y^2} = 56.5$ $\overline{xy} = 48.8$

(3) $s_x = 2.914$ $s_y = 1.792$

(4) $s_{xy} = 4.27$

(5) $r = 0.818$　　　　⟹90,91

96 (1) 52　　　　(2) 0.25　　⟹90,91

97 $r = 0.801$　強い正の相関がある.　⟹90,91

98 $y = 0.503x + 4.232$

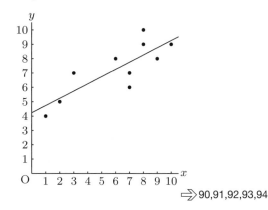

⟹90,91,92,93,94

99 (1) $y = -0.205x + 18.484$

(2) 1.1 %　　　　⟹92,93,94

Step up

100

x	y	u	v	uv
181.2	76.6	1.2	−3.4	−4.08
180.4	79.0	0.4	−1.0	−0.40
179.4	87.4	−0.6	7.4	−4.44
176.4	74.5	−3.6	−5.5	19.80
180.4	79.5	0.4	−0.5	−0.20
175.2	69.1	−4.8	−10.9	52.32
180.7	80.2	0.7	0.2	0.14
184.8	86.4	4.8	6.4	30.72
180.3	78.8	0.3	−1.2	−0.36
183.0	85.5	3.0	5.5	16.50

$\overline{u} = \dfrac{1}{10}(1.2 + 0.4 + \cdots + 3.0) = 0.18$

$\overline{v} = \dfrac{1}{10}(-3.4 - 1.0 + \cdots + 5.5) = -0.30$

$s_u = 2.654$ $s_v = 5.370$ $s_{uv} = 11.054$

したがって　$r_{xy} = r_{uv} = \dfrac{s_{uv}}{s_u s_v} = 0.7757$

101 x の y への回帰直線の方程式

$$x = -0.249y + 166.468$$

y の x への回帰直線の方程式

$$y = -2.758x + 578.506$$

102 $x,\ y$ の散布図

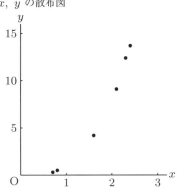

$z,\ w$ の散布図

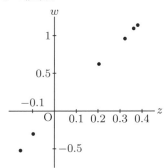

$\overline{z} = 0.1694$　$s_z = 0.2168$

$\overline{w} = 0.4981$　$s_w = 0.6673$　$s_{zw} = 0.1446$

したがって　$r_{zw} = \dfrac{s_{zw}}{s_z s_w} = 0.9997$

Plus ●●●

1　2次元データの相関表

103 $\overline{x} = 62.88$　$\overline{y} = 64.71$

$s_x = 11.58$　$s_y = 13.90$　$s_{xy} = 94.582$

したがって　$r = \dfrac{s_{xy}}{s_x s_y} = 0.588$

2　順位相関係数

104 $D = \sum d_i{}^2 = 6$

$\rho = 1 - \dfrac{6 \cdot 6}{10 \cdot 11 \cdot 9} = 0.964$

3　補章関連

105 (1) 1991 年

第 1 四分位数 8.75　中央値 15.7

第 3 四分位数 21.0　四分位範囲 12.25

2021 年

第 1 四分位数 7.8　中央値 16.7

第 3 四分位数 23.95　四分位範囲 16.15

(2)

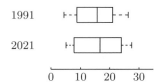

106 (1) A　3.32　B　4.21

(2) A　範囲 2.7　分散 0.7156　標準偏差 0.846

B　範囲 11.3　分散 10.075　標準偏差 3.174

(3) A　第 1 四分位数 2.9　中央値 3.5

第 3 四分位数 4.1　四分位範囲 1.2

B　第 1 四分位数 2.5　中央値 3.15

第 3 四分位数 3.7　四分位範囲 1.2

4　いろいろな問題

107 (1) $\overline{z} = 1.13$

(2) 60 歳未満, 60 歳以上の歩行速度の 2 乗の合計

をそれぞれ $u,\ v$ とすると

$$\frac{u}{9} - 1.8^2 = 0.2$$

$$\frac{v}{18} - 0.8^2 = 0.1$$

したがって $u = 30.96$ $v = 13.32$

よって $v_z = \dfrac{30.96 + 13.32}{27} - 1.13^2 = 0.363$

108 (1) $\overline{u} = 10.5$ $\overline{v} = 19.6$

(2) $s_u = 3.1$ $s_v = 7.5$

(3) $(u - \overline{u})(v - \overline{v}) = 3(x - \overline{x})(y - \overline{y})$

したがって $s_{uv} = 3s_{xy} = 14.7$

(4) $r_{uv} = \dfrac{s_{uv}}{s_u s_v} = \dfrac{14.7}{3.1 \times 7.5} = 0.632$

109 $a = \dfrac{s_{xy}}{s_x{}^2} = r_{xy} \cdot \dfrac{s_y}{s_x}$ より，回帰直線は

$$y - \overline{y} = r_{xy} \cdot \frac{s_y}{s_x}(x - \overline{x})$$

$$\therefore \quad \frac{y - \overline{y}}{s_y} = r_{xy} \cdot \frac{x - \overline{x}}{s_x}$$

3章　　　　　確率分布

1 確率変数と確率分布

Basic

110 (1)

x	2	3	5	7	計
$P(X = x)$	$\dfrac{3}{7}$	$\dfrac{1}{7}$	$\dfrac{1}{7}$	$\dfrac{2}{7}$	1

(2)

y	0	1	2	計
$P(Y = y)$	$\dfrac{4}{9}$	$\dfrac{4}{9}$	$\dfrac{1}{9}$	1

111 $E[X] = 4$ $E[Y] = \dfrac{2}{3}$

112 $E[Y + 1] = \dfrac{5}{3}$ $E[Y^2] = \dfrac{8}{9}$

113 5

114 $E[X] = \dfrac{7}{2}$ を用いよ．

(1) $\left\{\left(1 - \dfrac{7}{2}\right)^2 + \cdots + \left(6 - \dfrac{7}{2}\right)^2\right\} \cdot \dfrac{1}{6} = \dfrac{35}{12}$

(2) $(1^2 + 2^2 + \cdots + 6^2) \cdot \dfrac{1}{6} - \left(\dfrac{7}{2}\right)^2 = \dfrac{35}{12}$

115 $E[X] = \dfrac{5}{3}$ $V[X] = \dfrac{5}{9}$ $\sqrt{V[X]} = \dfrac{\sqrt{5}}{3}$

116 $E[X] = 7$ $V[X] = 32$

117 $E[Z] = 0$ $V[Z] = 1$

118 二項分布 $B\left(4, \dfrac{2}{5}\right)$ に従う．

k	0	1	2	3	4	計
$P(X = k)$	$\dfrac{81}{625}$	$\dfrac{216}{625}$	$\dfrac{216}{625}$	$\dfrac{96}{625}$	$\dfrac{16}{625}$	1

119 二項分布 $B\left(3, \dfrac{1}{4}\right)$ に従う．

k	0	1	2	3	計
$P(X = k)$	$\dfrac{27}{64}$	$\dfrac{27}{64}$	$\dfrac{9}{64}$	$\dfrac{1}{64}$	1

120 平均 30　分散 25　標準偏差 5

121 平均 $\dfrac{15}{2}$　分散 $\dfrac{21}{4}$　標準偏差 $\dfrac{\sqrt{21}}{2}$

122 0.353

123 0.677

124 $f(x) = \begin{cases} \dfrac{1}{8} & (0 \leqq x \leqq 8) \\ 0 & (x < 0, \ x > 8) \end{cases}$

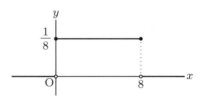

125 $k = \dfrac{1}{3}$

(1) $\dfrac{1}{9}$　　　(2) $\dfrac{7}{9}$　　　(3) 1

126 平均 $\dfrac{3}{4}$　分散 $\dfrac{3}{80}$

127 平均 $\dfrac{5}{2}$　分散 $\dfrac{3}{4}$

128 (1) 0.2327　　　(2) 0.9726

(3) 0.0656　　　(4) 0.7243

129 (1) 0.7123　　　(2) 0.0968

(3) 0.5160   (4) 0.2839

130 約 147 人

131 逆正規分布表より $P(Z \geqq z) = 0.05$ となる z が

1.6449 であることを用いよ.   760 点以上

132 0.3758

133 0.1292

134 (1)

x	0	1	2	3	計
$P(X=x)$	$\frac{4}{35}$	$\frac{18}{35}$	$\frac{12}{35}$	$\frac{1}{35}$	1

(2) 平均 $\frac{9}{7}$ 分散 $\frac{24}{49}$

(3) 平均 10   分散 24   ⇨ 110,111,113,115,116

135 二項分布 $B\left(4, \frac{2}{3}\right)$ に従う.

k	0	1	2	3	4	計
$P(X=k)$	$\frac{1}{81}$	$\frac{8}{81}$	$\frac{24}{81}$	$\frac{32}{81}$	$\frac{16}{81}$	1

⇨ 118,119

136 平均 15   分散 $\frac{150}{13}$ 標準偏差 $\frac{5\sqrt{78}}{13}$

⇨ 120,121

137 0.762   ⇨ 122,123

138 $f(x) = \begin{cases} \dfrac{1}{30} & (10 \leqq x \leqq 40) \\ 0 & (x < 10,\ x > 40) \end{cases}$

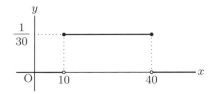

平均 25   分散 75   ⇨ 124,127

139 (1) $k = \dfrac{3}{4}$

(2) $\dfrac{27}{32}$

(3) 平均 1   分散 $\dfrac{1}{5}$ ⇨ 125,126

140 (1) 364 点以上   (2) 147 位

⇨ 130,131

141 0.7396   ⇨ 132,133

━━━━━━━━ **Step up** ━━━━━━━━ ●●

142 (1) $\left(\dfrac{4}{8}\right)^3 = \dfrac{1}{8}$

(2) $\left(\dfrac{k}{8}\right)^3 - \left(\dfrac{k-1}{8}\right)^3$

(3) $E[X] = \displaystyle\sum_{k=1}^{8} k \left\{ \left(\dfrac{k}{8}\right)^3 - \left(\dfrac{k-1}{8}\right)^3 \right\}$

$= \displaystyle\sum_{k=1}^{8} k \left(\dfrac{k}{8}\right)^3 - \sum_{k=2}^{8} k \left(\dfrac{k-1}{8}\right)^3$

$= \displaystyle\sum_{k=1}^{8} k \left(\dfrac{k}{8}\right)^3 - \sum_{l=1}^{7} (l+1) \left(\dfrac{l}{8}\right)^3$

$\qquad\qquad (k-1 = l \text{ とおく})$

$= \displaystyle\sum_{k=1}^{8} k \left(\dfrac{k}{8}\right)^3 - \sum_{l=1}^{7} l \left(\dfrac{l}{8}\right)^3 - \sum_{l=1}^{7} \left(\dfrac{l}{8}\right)^3$

$= 8 \cdot \left(\dfrac{8}{8}\right)^3 - \dfrac{1}{8^3} \cdot \left(\dfrac{1}{2} \cdot 7 \cdot 8\right)^2 = \dfrac{207}{32}$

143 $E[X] = \dfrac{1}{2} \displaystyle\int_{-\infty}^{\infty} x\, e^{-|x|}\, dx = 0$

$E[X^2] = \dfrac{1}{2} \displaystyle\int_{-\infty}^{\infty} x^2\, e^{-|x|}\, dx = \int_{0}^{\infty} x^2\, e^{-x}\, dx$

$= \left[-x^2 e^{-x} \right]_0^{\infty} + 2 \displaystyle\int_{0}^{\infty} x\, e^{-x}\, dx$

$= 2 \left[-e^{-x} \right]_0^{\infty} = 2$

$V[X] = E[X^2] - (E[X])^2 = 2$

$F(x) = \dfrac{1}{2} \displaystyle\int_{-\infty}^{x} e^{-|x|}\, dx$

(i) $x \leqq 0$ のとき

$\qquad F(x) = \dfrac{1}{2} \displaystyle\int_{-\infty}^{x} e^{x}\, dx = \dfrac{1}{2} e^{x}$

(ii) $x > 0$ のとき

$\qquad F(x) = F(0) + \dfrac{1}{2} \displaystyle\int_{0}^{x} e^{-x}\, dx$

$\qquad\qquad = 1 - \dfrac{1}{2} e^{-x}$

よって, 分布関数は

$$F(x) = \begin{cases} \dfrac{1}{2}e^x & (x \le 0 \text{ のとき}) \\ 1 - \dfrac{1}{2}e^{-x} & (x > 0 \text{ のとき}) \end{cases}$$

144 (1) $c = \dfrac{1}{2}$

(2)
$$F(x) = \begin{cases} 0 & (x < 0 \text{ のとき}) \\ \dfrac{1}{2}(1 - \cos x) & (0 \le x \le \pi \text{ のとき}) \\ 1 & (x > \pi \text{ のとき}) \end{cases}$$

(3) $E[X] = \dfrac{1}{2}\displaystyle\int_0^\pi x \sin x \, dx$

$\qquad = \dfrac{1}{2}\left\{ \left[-x\cos x \right]_0^\pi + \displaystyle\int_0^\pi \cos x \, dx \right\}$

$\qquad = \dfrac{\pi}{2}$

(4) $E[X^2] = \dfrac{1}{2}\displaystyle\int_0^\pi x^2 \sin x \, dx$

$\qquad = \dfrac{1}{2}\left\{ \left[-x^2\cos x \right]_0^\pi + 2\displaystyle\int_0^\pi x\cos x \, dx \right\}$

$\qquad = \dfrac{\pi^2}{2} - 2$

$\quad V[X] = E[X^2] - (E[X])^2$

$\qquad\quad = \dfrac{\pi^2}{4} - 2$

145 $\sigma^2 = \displaystyle\sum_{i=1}^n x_i^2 p_i - \mu^2$

$\qquad = \displaystyle\sum_{|x_i| \ge s} x_i^2 p_i + \sum_{|x_i| < s} x_i^2 p_i - \mu^2$

$\qquad \ge \displaystyle\sum_{|x_i| \ge s} x_i^2 p_i - \mu^2$

$\qquad \ge \displaystyle\sum_{|x_i| \ge s} s^2 p_i - \mu^2 = s^2 \sum_{|x_i| \ge s} p_i - \mu^2$

$\qquad = s^2 P(|X| \ge s) - \mu^2$

$\therefore \quad P(|X| \ge s) \le \dfrac{\mu^2 + \sigma^2}{s^2}$

146 (1) $\mu = \dfrac{1}{3} \quad \sigma^2 = \dfrac{7}{18}$

(2) $P(|X - \mu| \ge 1) = P\left(\left| X - \dfrac{1}{3} \right| \ge 1 \right)$

$\qquad = P\left(X \le -\dfrac{2}{3} \right) + P\left(X \ge \dfrac{4}{3} \right)$

$\qquad = \displaystyle\int_{-1}^{-\frac{2}{3}} \dfrac{2(1+x)}{3} \, dx + \int_{\frac{4}{3}}^{2} \dfrac{2-x}{3} \, dx$

$\qquad = \dfrac{1}{9} < \dfrac{7}{18} = \sigma^2$

147

(1) 0.62% (2) 1.8

148 (1) 30.9% (2) 113.6 未満

2 　統計量と標本分布

149 0, 1, 2, 3, 4

k	0	1	2	3	4	計
$P(X_1 + X_2 = k)$	$\dfrac{1}{9}$	$\dfrac{2}{9}$	$\dfrac{3}{9}$	$\dfrac{2}{9}$	$\dfrac{1}{9}$	1

150 $P(X_1 = 0) = \dfrac{1}{3}, \ P(X_2 = 1) = \dfrac{1}{3}$

$\quad P(X_1 = 0, \ X_2 = 1) = \dfrac{1}{6}$

$\quad P(X_1 = 0, \ X_2 = 1) \neq P(X_1 = 0)P(X_2 = 1)$

互いに独立でない.

151 (1)

k	0	1	2	計
$P(X_1 = k)$	$\dfrac{1}{10}$	$\dfrac{6}{10}$	$\dfrac{3}{10}$	1

(2) $E\left[\dfrac{X_1 + X_2}{2} \right] = \dfrac{6}{5} \quad E[X_1 X_2] = \dfrac{36}{25}$

152 $\dfrac{7}{6}$

153 平均 $\lambda_1 + \lambda_2$　分散 $\lambda_1 + \lambda_2$

154 平均 3　分散 $\dfrac{1}{25}$

155 0.0548

156 0.0274

157 (1) 0.0301 (2) 0.1614

158 0.0214

159 (1) 0.0087 (2) 0.0378

160 順に　0.0221, 0.0143, 0.0107

161 (1)

k	0	2	3	計
$P(X_1 X_2 = k)$	$\frac{2}{4}$	$\frac{1}{4}$	$\frac{1}{4}$	1

(2) 平均 $\frac{5}{4}$　分散 $\frac{27}{16}$　　149,154

162 (1) $P(X_1 = 1) = \frac{1}{3}$, $P(X_2 = 4) = \frac{1}{3}$

$P(X_1 = 1,\ X_2 = 4) = \frac{1}{9}$

(2) $P(X_1 = 2) = \frac{1}{3}$, $P(X_2 = 3) = \frac{2}{9}$

$P(X_1 = 2,\ X_2 = 3) = \frac{1}{9}$

(3) 互いに独立でない.　　150

163 (1)

k	0	1	2	3	計
$P(X_1 = k)$	$\frac{1}{6}$	$\frac{2}{6}$	$\frac{2}{6}$	$\frac{1}{6}$	1

(2) 平均 $\frac{3}{2}$　分散 $\frac{11}{12}$

(3) 平均 $\frac{9}{2}$　分散 $\frac{55}{12}$　　151,153

164 平均 8　分散 $\frac{7}{2}$　　152,153

165 (1) 平均 $\frac{3}{2}$　分散 $\frac{3}{4}$

(2) 平均 $\frac{3}{2}$　分散 $\frac{1}{200}$　　154

166 0.8810　　155,156

167 0.0104　　157,158

168 (1) 0.0326　　(2) 0.0169 159,160

Step up

169 (1) 例えば

$P(X = 0) = \frac{1}{8}$, $P(Y = 3) = \frac{2}{8}$

$P(X = 0,\ Y = 3) = \frac{1}{8}$

$P(X = 0,\ Y = 3) \neq P(X = 0)P(Y = 3)$

よって，互いに独立でない.

(2) $(X,\ Y) = (0,\ 3),\ (1,\ 1),\ (2,\ 1),\ (3,\ 3)$

k	2	3	6	計
$P(X + Y = k)$	$\frac{3}{8}$	$\frac{4}{8}$	$\frac{1}{8}$	1

(3)

k	0	1	2	9	計
$P(XY = k)$	$\frac{1}{8}$	$\frac{3}{8}$	$\frac{3}{8}$	$\frac{1}{8}$	1

平均 $\frac{9}{4}$　分散 $\frac{111}{16}$

170 (1) PQ は，P のある各象限において，P からひし形（正方形）の辺までの距離だから　$0 \leqq x \leqq 1$

$F(x) = P(X \leqq x)$ は図において，外側の正方形の面積に対する，外側の正方形から内側の正方形を除いた部分の面積の割合だから

$F(x) = \dfrac{4 - (2 - 2x)^2}{4}$
$= 2x - x^2$

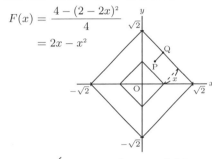

$F(x) = \begin{cases} 0 & (x < 0 \text{ のとき}) \\ 2x - x^2 & (0 \leqq x \leqq 1 \text{ のとき}) \\ 1 & (x > 1 \text{ のとき}) \end{cases}$

$F'(x) = f(x)$ より

$f(x) = \begin{cases} 2 - 2x & (0 \leqq x \leqq 1 \text{ のとき}) \\ 0 & (x < 0,\ x > 1 \text{ のとき}) \end{cases}$

(2) $\dfrac{1}{3}$　　　(3) $\dfrac{1}{18n}$

171 $P(Z = k) = \sum_{l=0}^{k} P(X = l,\ Y = k - l)$ を用いよ.　$P(Z = k) = (k + 1) p^2 (1 - p)^k$

172 (1) 左辺 $= E[(\lambda(X - \mu_x) + (Y - \mu_y))^2]$

$= E[\lambda^2 (X - \mu_x)^2]$
$+ 2E[\lambda(X - \mu_x)(Y - \mu_y)] + E[(Y - \mu_y)^2]$
$= \lambda^2 \sigma_x^2 + 2\lambda \sigma_{xy} + \sigma_y^2$

(2) 任意の確率変数 Z に対して $E[Z^2] \geqq 0$ だから，すべての実数 λ について

$\lambda^2 \sigma_x^2 + 2\lambda \sigma_{xy} + \sigma_y^2 \geqq 0$

λ についての 2 次方程式の判別式は

$$\frac{D}{4} = \sigma_{xy}{}^2 - \sigma_x{}^2 \sigma_y{}^2 \leqq 0 \text{ だから}$$

$$\frac{\sigma_{xy}{}^2}{\sigma_x{}^2 \sigma_y{}^2} \leqq 1 \qquad \therefore \quad \rho_{xy}{}^2 \leqq 1$$

よって $-1 \leqq \rho_{xy} \leqq 1$

Plus

1 多次元確率変数

173

x ＼ y	1	2	3	$P(X=x)$
1	$\dfrac{2}{9}$	$\dfrac{1}{6}$	$\dfrac{1}{9}$	$\dfrac{1}{2}$
2	$\dfrac{1}{6}$	$\dfrac{1}{15}$	$\dfrac{1}{15}$	$\dfrac{3}{10}$
3	$\dfrac{1}{9}$	$\dfrac{1}{15}$	$\dfrac{1}{45}$	$\dfrac{1}{5}$
$P(Y=y)$	$\dfrac{1}{2}$	$\dfrac{3}{10}$	$\dfrac{1}{5}$	1

174 例題の X と Y は互いに独立である.

問題 173 の X と Y は互いに独立でない.

175 (1) $c = 6$

(2) $f_1(x) = \begin{cases} \dfrac{2}{(1+x)^3} & (x \geqq 0 \text{ のとき}) \\ 0 & (x < 0 \text{ のとき}) \end{cases}$

176 $f_1(x) = e^{-x}$, $f_2(y) = e^{-y}$ より

$$f_1(x) f_2(y) = f(x,\ y)$$

よって，互いに独立である.

2 歪度と尖度

177 $I_k = \displaystyle\int_{-\infty}^{\infty} x^k f(x)\, dx$ とおく. $f(x)$ が偶関数であることを利用せよ.

$I_1 = 0$, $I_2 = \dfrac{2}{3}$, $I_3 = 0$, $I_4 = \dfrac{16}{15}$ より

歪度 $\dfrac{I_3}{\sigma^3} = 0$ 尖度 $\dfrac{I_4}{\sigma^4} = \dfrac{12}{5}$

3 モーメント母関数（積率母関数）

178 (1) $M(t) = \displaystyle\sum_{k=0}^{\infty} e^{tk} e^{-\lambda} \frac{\lambda^k}{k!} = e^{-\lambda} \sum_{k=0}^{\infty} \frac{(\lambda e^t)^k}{k!}$

$= e^{-\lambda} e^{\lambda e^t} = e^{\lambda(e^t - 1)}$

(2) $M'(t) = \lambda e^t e^{\lambda(e^t - 1)}$

$M''(t) = \lambda e^t e^{\lambda(e^t - 1)} + \lambda^2 e^{2t} e^{\lambda(e^t - 1)}$

$E[X] = M'(0) = \lambda$

$E[X^2] = M''(0) = \lambda + \lambda^2$

$V[X] = E[X^2] - (E[X])^2 = \lambda + \lambda^2 - \lambda^2 = \lambda$

179 モーメント母関数 $M(t)$ は，$|t| < 1$ のとき

$$M(t) = \int_0^{\infty} e^{tx} e^{-x}\, dx = \int_0^{\infty} e^{(t-1)x}\, dx$$

$$= \frac{1}{t-1} \Big[e^{(t-1)x} \Big]_0^{\infty} = \frac{1}{1-t}$$

$$= 1 + t + t^2 + \cdots + t^n + \cdots$$

これが $M(t)$ のマクローリン展開になっているから

$$\frac{\mu_k}{k!} = 1 \qquad \therefore \quad \mu_k = k!$$

4 補章関連

180 $E[X] = \displaystyle\int_{-\infty}^{\infty} x f(x)\, dx = \int_0^{\infty} \lambda x e^{-\lambda x}\, dx$

$= \lambda \left\{ \left[x \left(-\dfrac{1}{\lambda} e^{-\lambda x} \right) \right]_0^{\infty} \right.$

$\left. - \int_0^{\infty} \left(-\dfrac{1}{\lambda} e^{-\lambda x} \right) dx \right\}$

$= \lambda \left\{ 0 + \dfrac{1}{\lambda} \left[-\dfrac{1}{\lambda} e^{-\lambda x} \right]_0^{\infty} \right\} = \dfrac{1}{\lambda}$

$E[X^2] = \displaystyle\int_0^{\infty} \lambda x^2 e^{-\lambda x}\, dx$

$= \lambda \left\{ \left[x^2 \left(-\dfrac{1}{\lambda} e^{-\lambda x} \right) \right]_0^{\infty} \right.$

$\left. - \int_0^{\infty} 2x \left(-\dfrac{1}{\lambda} e^{-\lambda x} \right) dx \right\}$

$= \dfrac{2}{\lambda} \displaystyle\int_0^{\infty} \lambda x e^{-\lambda x}\, dx = \dfrac{2}{\lambda^2}$

$V[X] = E[X^2] - (E[X])^2$

$= \dfrac{2}{\lambda^2} - \left(\dfrac{1}{\lambda} \right)^2 = \dfrac{1}{\lambda^2}$

181 3.388

5 いろいろな問題

182 (1) $P(X=0) = e^{-0.2} = 0.8187$

(2) $P(X=4) = e^{-0.2} \cdot \dfrac{0.2^4}{4!} = 0.0000546$

(3) $\left\{ P(X=0) \right\}^5 = \left(e^{-0.2} \right)^5 = 0.3679$

(4) $_3\mathrm{C}_1 \, e^{-0.2} \cdot 0.2 \cdot (e^{-0.2})^2 = 0.3293$

183 $E[X] = \dfrac{7}{3}$, $E[X^2] = 6$, $V[X] = \dfrac{5}{9}$ より

$$\sqrt{V[X]} = \frac{\sqrt{5}}{3}$$

184 (1) $P(X \leqq 1) = \displaystyle\int_0^1 \frac{\pi}{2} x \, e^{-\frac{\pi}{4}x^2} \, dx$

$$= \left[-e^{-\frac{\pi}{4}x^2} \right]_0^1 = 1 - e^{-\frac{\pi}{4}}$$

(2) $f'(x) = \dfrac{\pi}{2} e^{-\frac{\pi}{4}x^2} \left(1 - \dfrac{\pi}{2} x^2 \right)$

$f(x)$ が最大になる x は $x = \sqrt{\dfrac{2}{\pi}}$

(3) 分布関数 $F(x)$ は $x \geqq 0$ のとき

$$F(x) = 1 - e^{-\frac{\pi}{4}x^2}$$

$F(x) = \dfrac{2}{3}$ より $x = \sqrt{\dfrac{4}{\pi} \log 3}$

4章 推定と検定

1 母数の推定

Basic

185 5.38

186 $u^2 = 0.02788$

187 $18.02 \leqq \mu \leqq 23.02$

188 $9.86 \leqq \mu \leqq 11.14$

189 $6.25 \leqq \mu \leqq 6.63$

190 標本比率の平均 0.65　標準偏差 0.0275

確率 0.0344

191 $0.01 \leqq p \leqq 0.04$

---

192 $0.504 \leqq p \leqq 0.616$

193 4269 以上

Check

194 $164.1 \leqq \mu \leqq 170.7$ ⇨187

195 $2.53 \leqq \mu \leqq 4.67$ ⇨188

196 $47.2 \leqq \mu \leqq 57.4$ ⇨189

197 標本比率の平均 0.75　標準偏差 0.0194

確率 0.1515 ⇨190

198 $0.015 \leqq p \leqq 0.045$ ⇨191,192

199 1537 人以上 ⇨193

Step up

200 $\sigma = 15$, $\alpha = 0.05$ より

$$2 \cdot \frac{15}{\sqrt{n}} \cdot 1.960 \leqq 2$$

$$n \geqq 864.4 \qquad \therefore \quad 865 \text{ 人以上}$$

201 $\sigma = 10$, $\alpha = 0.01$ より

$$2 \cdot \frac{10}{\sqrt{n}} \cdot 2.576 \leqq 4$$

$$n \geqq 165.89 \qquad \therefore \quad 166 \text{ 人以上}$$

2 仮説検定

Basic

202 (1) $\mathrm{H}_0 : p = \dfrac{1}{6}$, $\mathrm{H}_1 : p > \dfrac{1}{6}$

(2) 5 回のうち 3 回以上 1 の目が出る確率は

$$_5\mathrm{C}_5 \left(\frac{1}{6} \right)^5 + _5\mathrm{C}_4 \left(\frac{1}{6} \right)^4 \cdot \frac{5}{6} + _5\mathrm{C}_3 \left(\frac{1}{6} \right)^3 \cdot \left(\frac{5}{6} \right)^2$$
$$= 0.03549$$

H_0 は棄却され, p は $\dfrac{1}{6}$ より大きいといえる.

203 $\mathrm{H}_0 : \mu = 116.2$, $\mathrm{H}_1 : \mu \neq 116.2$

$t = 1.743$

自由度 9 の t 分布に従うことから

アプリを用いて p 値を求めると

$p = 2 \times P(T \geqq 1.743) = 0.1154 > 0.05$

または，t 分布表を用いると

$P(T \geqq 1.7) = 0.0617,\ P(T \geqq 1.8) = 0.0527$

したがって　$p > 2 \times 0.0527 > 0.05$

H_0 は受容され，異なるとはいえない．

204 $H_0 : \mu = 350,\ \ H_1 : \mu < 350$

$t = -1.688$

自由度 14 の t 分布に従うことから

アプリを用いて p 値を求めると

$p = P(T \leqq -1.688) = P(T \geqq 1.688)$

$\quad = 0.0568 > 0.05$

または，t 分布表を用いると

$P(T \geqq 1.6) = 0.0660,\ P(T \geqq 1.7) = 0.0556$

したがって　$p > 0.0556 > 0.05$

H_0 は受容され，少なくなったとはいえない．

205 $H_0 : \mu_1 = \mu_2,\ \ H_1 : \mu_1 \neq \mu_2$

$d = 10.23,\ t = -1.92$

自由度 10.23 の t 分布に従うとして，アプリを用いて p 値を求めると

$p = 2 \times P(T \leqq -1.92) = 2 \times P(T \geqq 1.92)$

$\quad = 0.0832 > 0.05$

または，自由度 10 として t 分布表を用いると

$P(T \geqq 1.9) = 0.0433,\ P(T \geqq 2.0) = 0.0367$

したがって　$p > 2 \times 0.0367 > 0.05$

H_0 は受容され，有意ではない．

206 $H_0 : \mu_1 = \mu_2,\ \ H_1 : \mu_1 \neq \mu_2$

$d = 18.01,\ t = -2.38$

自由度 18.01 の t 分布に従うとして，アプリを用いて p 値を求めると

$p = 2 \times P(T \leqq -2.38) = 2 \times P(T \geqq 2.38)$

$\quad = 0.0286 < 0.05$

または，自由度 18 として t 分布表を用いると

$P(T \geqq 2.3) = 0.0168,\ P(T \geqq 2.4) = 0.0137$

したがって　$p < 2 \times 0.0168 < 0.05$

H_0 は棄却され，差があるといえる．

207 $H_0 : p = 0.03,\ \ H_1 : p > 0.03$

$z = 1.17$

アプリまたは正規分布表を用いて，p 値を求めると

$p = P(Z \geqq 1.17) = 0.1210 > 0.05$

H_0 は受容され，高くなったとはいえない．

208 $H_0 : p = \dfrac{1}{6},\ \ H_1 : p \neq \dfrac{1}{6}$

$z = 1.53$

アプリまたは正規分布表を用いて，p 値を求めると

$p = 2 \times P(Z \geqq 1.53) = 0.126 > 0.05$

H_0 は受容され，$\dfrac{1}{6}$ でないとはいえない．

Check

209 $H_0 : \mu = 70,\ \ H_1 : \mu \neq 70$

$t = 2.191$

自由度 4 の t 分布に従うことから

アプリを用いて p 値を求めると

$p = 2 \times P(T \geqq 2.191) = 0.0936 > 0.05$

または，t 分布表を用いると

$P(T \geqq 2.1) = 0.0518,\ P(T \geqq 2.2) = 0.0463$

したがって　$p > 2 \times 0.0463 > 0.05$

H_0 は受容され，影響を与えるとはいえない．

⇒ 203,204

210 $H_0 : \mu_1 = \mu_2,\ \ H_1 : \mu_1 \neq \mu_2$

$d = 15.90,\ t = 1.85$

自由度 15.90 の t 分布に従うとして，アプリを用いて p 値を求めると

$p = 2 \times P(T \geqq 1.85) = 0.0830 > 0.05$

または，自由度 15 として t 分布表を用いると

$P(T \geqq 1.8) = 0.0460,\ P(T \geqq 1.9) = 0.0384$

したがって　$p > 2 \times 0.0384 > 0.05$

H_0 は受容され，差があるとはいえない.　205,206

211　$H_0 : \mu_1 = \mu_2$,　$H_1 : \mu_1 < \mu_2$

$d = 9.41$, $t = -2.44$

自由度 9.41 の t 分布に従うとして，アプリを用いて p 値を求めると

$p = P(T \le -2.44) = P(T \ge 2.44)$

$\quad = 0.0181 < 0.05$

または，自由度 9 として t 分布表を用いると

$P(T \ge 2.4) = 0.0199$, $P(T \ge 2.5) = 0.0169$

したがって　$p < 0.0199 < 0.05$

H_0 は棄却され，高くなっているといえる.

205,206

212　$H_0 : p = 0.8$,　$H_1 : p > 0.8$

$z = 1.44$

アプリまたは正規分布表を用いて，p 値を求めると

$p = P(Z \ge 1.44) = 0.0749 > 0.01$

H_0 は受容され，従来のものより効果があるとはいえない.　207,208

Step up

213　$H_0 : p = \dfrac{1}{3}$ を仮定すると

$\qquad P(X \le 2) = 0.018$, $P(X \le 3) = 0.060$

であるから，H_0 は $X \le 2$ のときに棄却される．よって検出力は $p = \dfrac{1}{10}$ と仮定したときの $P(X \le 2)$ の値，すなわち

$\qquad P(X \le 2) = 0.68$

X の実現値が 4 のとき，H_0 は棄却されず，1 の目が出る確率は $\dfrac{1}{3}$ より小さいとはいえない.

214　$H_0 : \mu_1 = \mu_2$,　$H_1 : \mu_1 < \mu_2$

T は自由度 11 の t 分布に従う.

実現値は

$\qquad u^2 = \dfrac{5 \times 3.5 + 6 \times 4.2}{11} = 3.882$

$\qquad t = \dfrac{127 - 130}{\sqrt{u^2(1/6 + 1/7)}} = -2.74$

アプリを用いて p 値を求めると

$\qquad p = P(T \le -2.74) = P(T \ge 2.74)$

$\qquad\quad = 0.0096 < 0.05$

または，t 分布表を用いると

$P(T \ge 2.7) = 0.0103$, $P(T \ge 2.8) = 0.0086$

したがって　$p < 0.0103 < 0.05$

H_0 は棄却され，血圧は上昇するといえる.

Plus

1　母平均の区間推定（母分散が既知の場合）

215　$165.4 \le \mu \le 170.8$

2　母分散の区間推定

216　$0.0219 \le \sigma^2 \le 0.2078$

3　母平均の検定（母分散が既知または標本が大きい場合）

217　$H_0 : \mu = 1500$,　$H_1 : \mu > 1500$

$z = 2.00$

アプリまたは正規分布表を用いて，p 値を求めると

$p = P(Z \ge 2.00) = 0.0228 < 0.05$

H_0 は棄却され，改良されたといえる.

218　$H_0 : \mu = 159.4$,　$H_1 : \mu > 159.4$

$z = 1.54$

アプリまたは正規分布表を用いて，p 値を求めると

$p = P(Z \ge 1.54) = 0.0618 > 0.05$

H_0 は受容され，高くなったとはいえない.

4　母分散の検定

219　$H_0 : \sigma^2 = 10$,　$H_1 : \sigma^2 \ne 10$

$x = 22.49$

自由度 9 の χ^2 分布に従うことから

アプリを用いて p 値を求めると

$p = 2 \times P(X \geqq 22.49) = 0.0148 < 0.05$

または，χ^2 分布表を用いると

$P(X \geqq 22) = 0.0089, \ P(X \geqq 23) = 0.0062$

したがって　$p < 2 \times 0.0089 < 0.05$

H_0 は棄却され，10 でないといえる．

5　母平均の差の検定（標本が大きい場合）

220 $H_0 : \mu_1 = \mu_2, \ \ H_1 : \mu_1 \neq \mu_2$

$z = 2.80$

アプリまたは正規分布表を用いて，p 値を求めると

$p = 2 \times P(Z \geqq 2.80) = 0.0052 < 0.05$

H_0 は棄却され，差があるといえる．

6　適合度の検定

221　H_0: 母集団比率は $9:3:3:1$ である

H_1: 母集団比率は $9:3:3:1$ でない

	黄/丸	黄/しわ	緑/丸	緑/しわ	計
p_i	$\dfrac{9}{16}$	$\dfrac{3}{16}$	$\dfrac{3}{16}$	$\dfrac{1}{16}$	1
期待度数	312.75	104.25	104.25	34.75	556
観測度数	319	97	112	28	556

実現値は

$$x = \frac{(319-312.75)^2}{312.75} + \frac{(97-104.25)^2}{104.25}$$
$$+ \frac{(112-104.25)^2}{104.25} + \frac{(28-34.75)^2}{34.75}$$
$$= 2.5164$$

自由度 3 の χ^2 分布に従うことから

アプリを用いて p 値を求めると

$p = P(X \geqq 2.5164) = 0.4723 > 0.05$

または，χ^2 分布表を用いると

$P(X \geqq 2) = 0.5724, \ P(X \geqq 3) = 0.3916$

したがって　$p > 0.3916 > 0.05$

H_0 は受容され，理論上の比率 $9:3:3:1$ に適合

していると考えられる．

222　$H_0 : p = \dfrac{1}{2}, \ \ H_1 : p \neq \dfrac{1}{2}$

	表・表	表・裏	裏・裏	計
p_i	$\dfrac{1}{4}$	$\dfrac{1}{2}$	$\dfrac{1}{4}$	1
期待度数	25	50	25	100
観測度数	32	47	21	100

実現値は

$$x = \frac{(32-25)^2}{25} + \frac{(21-25)^2}{25} + \frac{(47-50)^2}{50}$$
$$= 2.78$$

自由度 2 の χ^2 分布に従うことから

アプリを用いて p 値を求めると

$p = P(X \geqq 2.78) = 0.2491 > 0.05$

または，χ^2 分布表を用いると

$P(X \geqq 2) = 0.3679, \ P(X \geqq 3) = 0.2231$

したがって　$p > 0.2231 > 0.05$

H_0 は受容され，等しいと考えられる．

7　独立性の検定

223　H_0 : クラスによる違いはない

H_1 : クラスにより異なる

	A	B	C	計
合格	37.33	37.33	37.33	112
不合格	10.67	10.67	10.67	32
計	48	48	48	144

実現値は

$$x = \frac{(38-37.33)^2}{37.33} + \frac{(32-37.33)^2}{37.33}$$
$$+ \frac{(42-37.33)^2}{37.33} + \frac{(10-10.67)^2}{10.67}$$
$$+ \frac{(16-10.67)^2}{10.67} + \frac{(6-10.67)^2}{10.67}$$
$$= 6.11$$

自由度 2 の χ^2 分布に従うことから

アプリを用いて p 値を求めると

$p = P(X \geqq 6.11) = 0.0471 < 0.05$

または，χ^2 分布表を用いると

$P(X \geqq 6) = 0.0498,\ P(X \geqq 7) = 0.0302$

したがって　$p < 0.0498 < 0.05$

H_0 は棄却され，合否に違いがあるといえる．

8　棄却域による検定

224 H_0：直径の平均は 13 に等しい

H_1：直径の平均は 13 に等しくない

統計量

$$T = \frac{\overline{X} - \mu}{\sqrt{U^2/n}}$$

は自由度 11 の t 分布に従う．

逆 t 分布表より，有意水準 5 ％ の棄却域は

$$T < -2.201 \quad または \quad 2.201 < T$$

T の実現値 t は

$$t = \frac{12.975 - 13}{\sqrt{0.11^2/12}} = -0.7873$$

この値は棄却域に入らないから，H_0 は受容される．

したがって，直径の平均は 13 といってよい．

9　等分散の検定

225 $H_0 : \sigma_1^2 = \sigma_2^2,\ \ H_1 : \sigma_1^2 \neq \sigma_2^2$

$u_1{}^2 = 3.26,\ u_2{}^2 = 12.29,\ f' = 3.77$

自由度 $(11, 9)$ の F 分布に従うことから

アプリを用いて p 値を求めると

$p = 2 \times P(F' \geqq 3.77) = 0.056 > 0.05$

または，逆 F 分布表を用いると

$F_{11,9}(0.025) = 3.912$ だから

$P(F' \geqq 3.912) = 0.025$

したがって

$p = 2 \times P(F' \geqq 3.77)$

　　$> 2 \times P(F' \geqq 3.912) = 0.05$

H_0 は受容され，母分散が異なるとはいえない．

10　分散分析法

226 $m_i = \dfrac{1}{n_i}\displaystyle\sum_{j=1}^{n_i} x_{ij},\ M = \dfrac{1}{N}\sum_{i=1}^{k}\sum_{j=1}^{n_i} x_{ij}$ より

$$\sum_{j=1}^{n_i} x_{ij} = n_i m_i,\ \sum_{i=1}^{k} n_i m_i = \sum_{i=1}^{k}\sum_{j=1}^{n_i} x_{ij} = NM$$

これより

$$S_T = \sum_{i=1}^{k}\sum_{j=1}^{n_i}(x_{ij}{}^2 - 2x_{ij}M + M^2)$$
$$= \sum_{i=1}^{k}\sum_{j=1}^{n_i} x_{ij}{}^2 - NM^2$$

$$S_A + S_E = \sum_{i=1}^{k} n_i(m_i - M)^2 + \sum_{i=1}^{k}\sum_{j=1}^{n_i}(x_{ij} - m_i)^2$$
$$= \sum_{i=1}^{k} n_i(m_i{}^2 - 2m_i M + M^2)$$
$$\quad + \sum_{i=1}^{k}\sum_{j=1}^{n_i}(x_{ij}{}^2 - 2x_{ij}m_i + m_i{}^2)$$
$$= \sum_{i=1}^{k} n_i m_i{}^2 - 2\sum_{i=1}^{k} n_i m_i M + NM^2$$
$$\quad + \sum_{i=1}^{k}\sum_{j=1}^{n_i} x_{ij}{}^2 - 2\sum_{i=1}^{k}\sum_{j=1}^{n_i} x_{ij}m_i + \sum_{i=1}^{k} n_i m_i{}^2$$
$$= \sum_{i=1}^{k} n_i m_i{}^2 - 2NM^2 + NM^2$$
$$\quad + \sum_{i=1}^{k}\sum_{j=1}^{n_i} x_{ij}{}^2 - 2\sum_{i=1}^{k} n_i m_i{}^2 + \sum_{i=1}^{k} n_i m_i{}^2$$
$$= \sum_{i=1}^{k}\sum_{j=1}^{n_i} x_{ij}{}^2 - NM^2$$

$\therefore\ \ S_T = S_A + S_E$

227 H_0：学力に差はない，H_1：学力に差はある

実現値は　$f = 3.08$

自由度 $(2, 8)$ の F 分布に従うことから

アプリを用いて p 値を求めると

$p = P(F \geqq 3.08) = 0.1019 > 0.05$

H_0 は棄却されず，学力に差があるとはいえない．

	平方和	自由度	不偏分散	分散比
S_A	290.3	2	145.2	3.08
S_E	376.4	8	47.1	
S_T	666.7	10		

11　いろいろな問題

228 (1) $E[\overline{X}] = \dfrac{1}{n}(E[X_1] + E[X_2] + \cdots + E[X_n])$

$$= \dfrac{1}{n} \times n\mu = \mu$$

(2) $E[U^2] = E\Big[\dfrac{1}{n-1}\sum_{i=1}^{n}(X_i - \overline{X})^2\Big]$

$$= \dfrac{1}{n-1}E\Big[\sum_{i=1}^{n}\big\{(X_i - \mu) - (\overline{X} - \mu)\big\}^2\Big]$$

$$= \dfrac{1}{n-1}E\Big[\sum_{i=1}^{n}\big\{(X_i - \mu)^2$$

$$-2(X_i - \mu)(\overline{X} - \mu) + (\overline{X} - \mu)^2\big\}\Big]$$

$$= \dfrac{1}{n-1}E\Big[\sum_{i=1}^{n}(X_i - \mu)^2 - n(\overline{X} - \mu)^2\Big]$$

$$= \dfrac{1}{n-1}\Big\{\sum_{i=1}^{n}E\big[(X_i - \mu)^2\big] - n \cdot \dfrac{\sigma^2}{n}\Big\}$$

$$= \dfrac{1}{n-1}(n\sigma^2 - \sigma^2) = \sigma^2$$

229 第1種の誤りを犯すのは，A の袋を選んで，白球が

2回以上出ない場合で，その確率は

$$_3C_1 \dfrac{4}{5}\Big(\dfrac{1}{5}\Big)^2 + \Big(\dfrac{1}{5}\Big)^3 = \dfrac{13}{125}$$

第2種の誤りを犯すのは，B の袋を選んで，白球が

2回以上出る場合で，その確率は

$$_3C_2 \Big(\dfrac{2}{5}\Big)^2 \dfrac{3}{5} + \Big(\dfrac{2}{5}\Big)^3 = \dfrac{44}{125}$$

▶ 本書の WEB Contents を弊社サイトに掲載しております. ご活用下さい.
https://www.dainippon-tosho.co.jp/college_math/web_probability.html

● 監修

高遠 節夫 　元東邦大学教授

● 執筆

碓氷 久 　　群馬工業高等専門学校教授

鈴木 正樹 　沼津工業高等専門学校准教授

中川 英則 　小山工業高等専門学校准教授

西浦 孝治 　福島工業高等専門学校教授

西垣 誠一 　沼津工業高等専門学校名誉教授

樋口 勇夫 　大分工業高等専門学校教授

● 校閲

大塚 隆史 　北九州工業高等専門学校講師

高木 和久 　高知工業高等専門学校准教授

松浦 將國 　鹿児島工業高等専門学校准教授

向江 頼士 　都城工業高等専門学校准教授

向山 一男 　都立産業技術高等専門学校 荒川キャンパス名誉教授

吉村 弥子 　神戸市立工業高等専門学校教授

涌田 和芳 　長岡工業高等専門学校名誉教授

表紙・カバー | 田中 晋, 矢崎 博昭　　本文設計 | 矢崎 博昭

新確率統計問題集 　改訂版

2022.11.1 　改訂版第1刷発行
2023.12.1 　改訂版第2刷発行

● 著作者　高遠 節夫 ほか
● 発行者　大日本図書株式会社 　（代表）中村 潤
● 印刷者　共同印刷株式会社
● 発行所　大日本図書株式会社 　〒112-0012 東京都文京区大塚3-11-6
　　　　　tel. 03-5940-8673（編集）, 8676（供給）

中部支社　名古屋市千種区内山1-14-19 高島ビル　　tel. 052-733-6662
関西支社　大阪市北区東天満2-9-4 千代田ビル東館6階　　tel. 06-6354-7315
九州支社　福岡市中央区赤坂1-15-33 ダイアビル福岡赤坂7階　　tel. 092-688-9595